高职高专机电系列教材

机械设计软件应用(UG NX)

李华川　徐　凯　主　编

黄华椿　黄尚猛　刘和彬　副主编

清华大学出版社

北 京

内 容 简 介

本书根据"高职高专教育机械制造类专业人才培养目标及规格"的要求，并结合编者在数控制造领域多年的教学改革和工程实践经验编写而成。

本书以项目、工作任务引领，体现"做中学、学中做"。全书共 6 个项目，内容包括 UG 软件基础操作、简单机械零件建模、复杂机械零件建模、装配建模、运动仿真和制图模块。

本书以"纸质教材+在线课程资源"的方式组织内容，使书中知识点与在线资源对应，扫描二维码即可观看视频、查看练习题答案、下载素材资源等，帮助学生自主学习。

本书可作为高职高专机械制造类专业的教学用书，也可作为社会相关从业人员的参考书及培训用书。

图书在版编目(CIP)数据

机械设计软件应用：UG NX/李华川，徐凯主编. —北京：清华大学出版社，2021.9
高职高专机电系列教材
ISBN 978-7-302-58943-3

Ⅰ．①机…　Ⅱ．①李…　②徐…　Ⅲ．①机械设计—计算机辅助设计—应用软件—高等职业教育—教材　Ⅳ．①TH122

中国版本图书馆 CIP 数据核字(2021)第 173711 号

责任编辑：陈冬梅　陈立静
封面设计：陆靖雯
责任校对：李玉茹
责任印制：沈　露

出版发行：清华大学出版社
　　　网　　　址：http://www.tup.com.cn, http://www.wqbook.com
　　　地　　　址：北京清华大学学研大厦 A 座　　　邮　　编：100084
　　　社 总 机：010-62770175　　　　　　　　　邮　　购：010-62786544
　　　投稿与读者服务：010-62776969, c-service@tup.tsinghua.edu.cn
　　　质量反馈：010-62772015, zhiliang@tup.tsinghua.edu.cn
　　　课件下载：http://www.tup.com.cn, 010-62791865
印 装 者：三河市龙大印装有限公司
经　　销：全国新华书店
开　　本：185mm×260mm　　印　张：16.25　　字　数：396 千字
版　　次：2021 年 9 月第 1 版　　　　　　印　次：2021 年 9 月第 1 次印刷
定　　价：49.00 元

产品编号：079345-01

前　言

一、背景

"中国制造 2025"时代，是以设计过程数字化、制造过程智能化及生产管理过程信息化等为宗旨构筑的现代化制造业，它促使传统工厂向智能工厂转变，这对数控技术人员的素质提出了更高的要求。基于 UG 软件的机械数字化建模应用，是高端机械类专业技术人员的必备技能。

广西壮族自治区教育厅实施"高等职业教育创新发展行动计划(2015—2018 年)"，将"CAD/CAM 软件应用"精品在线开放课程列为建设项目。基于此项目建设背景，编写并出版与在线开放课程相配套的新形态一体化教材，是项目建设的目标之一。

二、本书内容

本书主要以机械类零件为案例，共有 6 个项目，包括 UG 软件基础操作、简单机械零件建模、复杂机械零件建模、装配建模、运动仿真和制图模块。每个项目由若干任务组成，大部分任务有"方案设计""任务实施""知识点解析"，内容注重"做中学、学中做、以做促学"。

三、本书特色

(1) "纸质教材+在线开放课程"相结合。书中知识点与在线学习资源相对应，扫描书中二维码即可观看视频、查看练习题答案、下载素材资源等，实现线上线下的混合式学习。

(2) 内容覆盖实体建模、曲面建模、装配、运动仿真、工程制图，全面实用，实现初级到高级技能的进阶。

(3) 教学案例来源于生产实际，文字精练、图片丰富并添加标注，学生通过看图即能快速掌握操作方法。

(4) 注重技能提升与思维拓展。文中通过"任务实施""提示""知识点解析"等内容，消除了一般教材重讲轻练、重知识轻能力的弊端。

本书由广西机电职业技术学院李华川、徐凯担任主编，广西机电职业技术学院黄华椿、黄尚猛、温州职业技术学院刘和彬担任副主编，广西机电职业技术学院李彬文、覃祖和，广西南宁技师学院莫建彬参编。其中，项目 1、项目 3、项目 4 部分内容由李华川、黄尚猛编写；项目 2、项目 4 部分内容由黄华椿编写；项目 2、项目 5 部分内容由刘和彬编写；项目 2、项目 5 部分内容由李彬文编写；项目 3 部分内容由覃祖和编写；项目 6 内容由黄华椿、莫建彬编写。

在本书编写过程中，广西玉柴集团设计研究院、南南铝业集团公司等企业提供了许多宝贵的意见和建议，并给予编写工作大力支持与指导，在此一并致谢。

本书与广西省级精品在线课程《CAD/CAM 软件应用》相配套，读者登录在线学习平台"智慧职教 MOOC 学院"搜索课程名称并加入，即可参与学习。

由于编者水平有限，本书难免有疏漏和不妥之处，殷切希望读者和各位同仁提出宝贵意见。

编 者

目　　录

项目 1　UG NX 11.0 基础操作 1

　　任务 1.1　UG NX 11.0 界面入门操作 1

　　任务 1.2　定制用户界面..............................14

　　项目小结....................................17

　　课后习题....................................17

项目 2　简单机械零件建模.............................19

　　任务 2.1　弹簧建模.....................................19

　　任务 2.2　螺盖建模.....................................25

　　任务 2.3　滑阀建模.....................................36

　　任务 2.4　调节杆建模..................................45

　　任务 2.5　锁紧螺母建模...............................53

　　任务 2.6　阀盖建模.....................................62

　　任务 2.7　阀体建模.....................................71

　　任务 2.8　油塞建模.....................................82

　　任务 2.9　调节螺母建模...............................93

　　项目小结....................................102

　　课后习题....................................102

项目 3　复杂机械零件建模.............................106

　　任务 3.1　叶轮建模....................................106

　　任务 3.2　双头蜗杆....................................112

　　任务 3.3　汽车方向盘建模.........................122

　　任务 3.4　后视镜壳体逆向建模 140

　　项目小结....................................166

　　课后习题....................................167

项目 4　装配建模 171

　　任务 4.1　千斤顶装配...............................171

　　任务 4.2　溢流阀装配...............................183

　　项目小结....................................205

　　课后习题....................................205

项目 5　运动仿真 207

　　任务 5.1　千斤顶运动仿真 207

　　任务 5.2　齿轮泵运动仿真 213

　　任务 5.3　曲柄滑块机构运动仿真 220

　　项目小结....................................227

　　课后习题....................................228

项目 6　制图模块 229

　　任务 6.1　阀体零件工程图 229

　　任务 6.2　溢流阀装配工程图 244

　　项目小结....................................251

　　课后习题....................................251

参考文献....................................253

项目 1　UG NX 11.0 基础操作

UG NX 是新一代计算机辅助设计与制造交互式系统，广泛应用于航空、航天、汽车、造船、通用机械和电子等工业领域。它为用户的产品设计与加工过程提供了数字化造型和验证手段，通过集成 CAD/CAE/CAM 功能，实现产品全生命周期管理。

知识要点

- UG 软件常用基础操作如显示 WCS、隐藏与显示、部件导航器、编辑对象显示等命令的含义。
- 绝对坐标系、基准坐标系、工作坐标系的区别。

技能目标

- 能熟练掌握 UG 软件基础操作，如文件管理、隐藏与显示、坐标系定位、工具栏定制等。
- 能定制用户界面。

任务 1.1　UG NX 11.0 界面入门操作

UG 软件界面中的工具栏较多，掌握基本操作方法与技巧可为后续建模打下良好的基础。通过本次任务，掌握 UG NX 软件的基本操作。UG 的基本界面如图 1-1 所示。

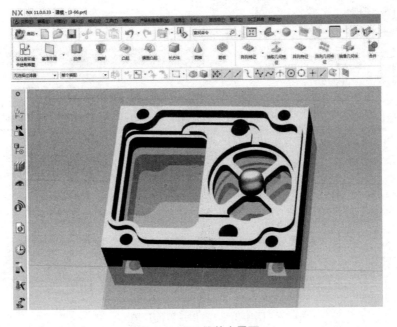

图 1-1　UG 的基本界面

1. 设置经典用户界面

右击【我的电脑】图标，在弹出的快捷菜单中选择【属性】命令，在弹出的对话框中单击【高级系统设置】按钮，打开【环境变量】对话框，单击【新建】按钮，在弹出的对话框中设置【变量名】为 UGII_DISPLAY_DEBUG、【变量值】为 1，如图 1-2 所示。

图 1-2　UG 环境变量设置

启动 UG 软件，选择【菜单】|【首选项】|【用户界面】命令，在弹出的【用户界面首选项】对话框中，设置【用户界面环境】为【经典工具条】，如图 1-3 所示。

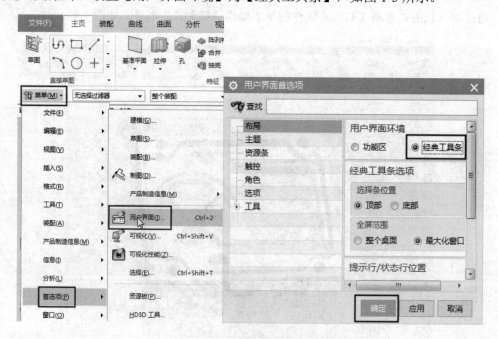

图 1-3　设置用户界面环境

提示： UG NX 10.0 以上版本软件的用户界面分为功能区和经典工具条两种类型，本书以经典工具条用户界面为例进行介绍。UG 经典用户界面如图 1-4 所示。

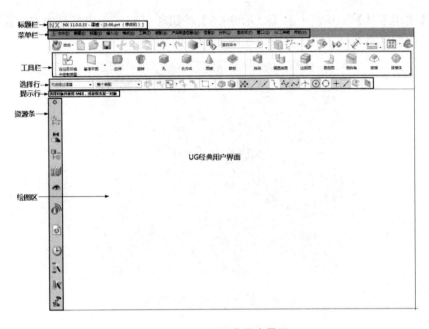

图 1-4　设置经典用户界面

2. 新建文件

单击【新建】按钮，在弹出的【新建】对话框中，设置文件名和文件保存路径，如图 1-5 所示。

图 1-5　设置文件名和文件保存路径

提示： UG 软件默认文件后缀名为.prt，UG NX 10.0 以上版本可以使用中文命名。

3. 显示工作坐标系(WCS)

单击【实用工具】工具栏中的【显示 WCS】按钮，将工作坐标系(WCS)显示在绘图区，此时，绘图区将存在三个坐标系，如图 1-6 所示。

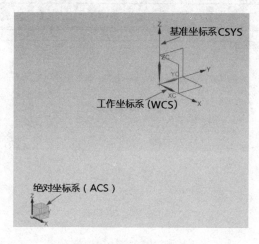

图 1-6　显示工作坐标系(WCS)

提示： 在键盘上按 W 键，可快速显示或隐藏工作坐标系。

4. 打开模型文件

单击【标准】工具栏中的【打开】按钮，打开已存在的模型文件，如图 1-7 所示。

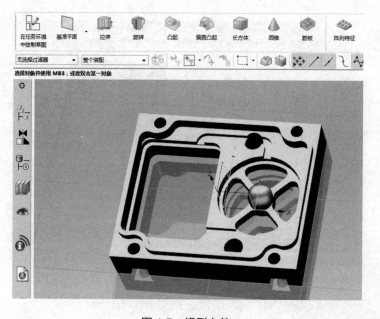

图 1-7　模型文件

5. 缩放、平移、旋转模型

按住鼠标滚轮，可旋转模型；滚动滚轮，可缩放模型；同时按住鼠标滚轮和右键，可平移模型。也可单击【实用工具】工具栏中的功能按钮来对模型进行相应操作，如图 1-8 所示。

提示： 当模型被移动至绘图区外时，单击【适合窗口】按钮，可将模型重新显示回来。

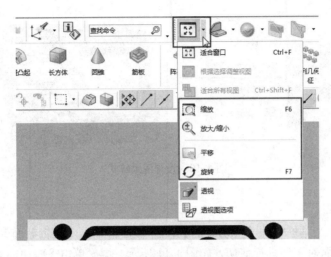

图 1-8 单击【适合窗口】按钮

6. 设置背景颜色

选择【菜单】|【首选项】|【背景】命令，在弹出的【编辑背景】对话框中，设置背景颜色为白色，如图 1-9 所示。

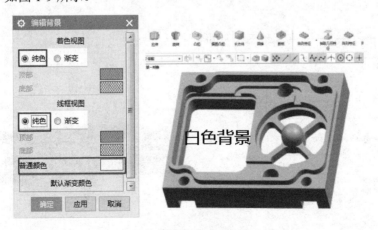

图 1-9 设置背景颜色

7. 设置模型渲染方式

单击【视图】工具栏中的【渲染样式】下拉按钮，在弹出的下拉菜单中，可对模型进行不同的渲染设置，常用的有【着色】【静态线框】【艺术外观】这几种命令，如图1-10所示。

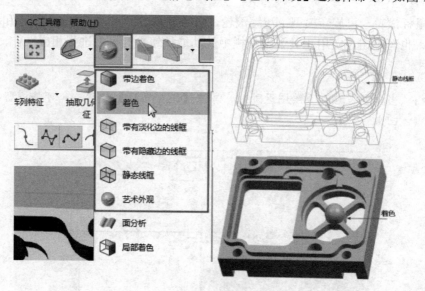

图1-10 设置渲染样式

8. 剪切模型

单击【视图】工具栏中的【剪切截面】按钮 🔪，再单击【编辑截面】按钮 ☞，选取坐标系的 ZC-XC 平面对部件进行剪切，如图1-11所示。再次单击【剪切截面】按钮，可取消剪切。

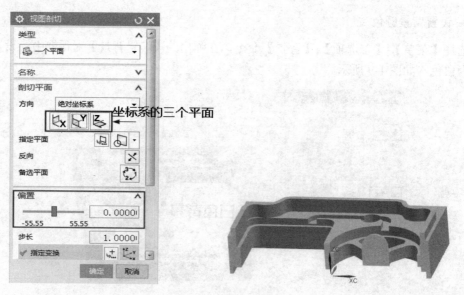

图1-11 剪切模型截面

9. 隐藏、显示模型

单击【视图】工具栏中的【隐藏】按钮 🖉，在绘图区选取模型，可隐藏模型。单击【显

示】按钮，在绘图区中选取模型，可重新显示模型，如图 1-12 所示。

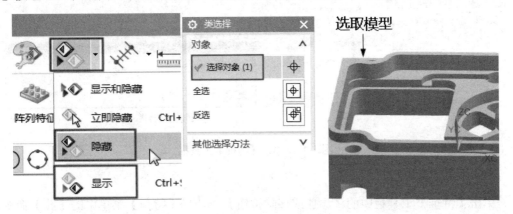

图 1-12　隐藏与显示模型

提示：　【隐藏】命令的快捷键为 Ctrl+B，【显示】命令的快捷键为 Ctrl+Shift+K，
【反向隐藏】命令的快捷键为 Ctrl+Shift+B。

10. 查看部件导航器

单击【资源条】工具栏中的【部件导航器】按钮，查看建模步骤，如图 1-13 所示。
通过【部件导航器】可以方便地实现建模过程的变更，如编辑、隐藏、排序等。

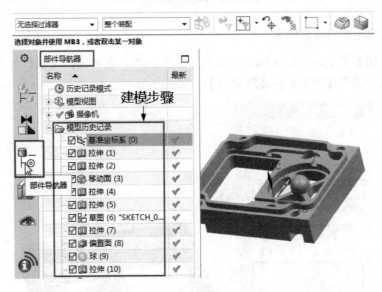

图 1-13　查看建模步骤

11. 添加工具栏

在工具栏空白处右击，将弹出工具栏菜单，选择【特征】命令，即可将工具栏显示在
界面中，如图 1-14 所示。

图 1-14　添加【特征】工具栏

12. 添加工具栏按钮

单击【特征】工具栏中的【添加或移除按钮】，选择【特征】菜单中的【孔】命令，即可将【孔】按钮添加至工具栏，如图 1-15 所示。取消勾选，则为移除。

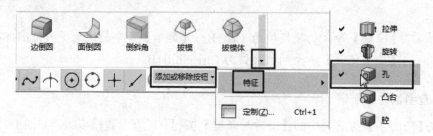

图 1-15　添加工具栏按钮

13. 设置模型颜色与透明度

单击【视图】工具栏中的【编辑对象显示】按钮，在弹出的【编辑对象显示】对话框中选取模型，设置【颜色】和【透明度】，如图 1-16 所示。

图 1-16　编辑模型显示

14. 测量模型

单击【实用工具】工具栏中的【测量距离】按钮，在弹出的【测量距离】对话框中，将【类型】设置为【距离】，选取模型上下两面，可测出模型高度，如图 1-17 所示。

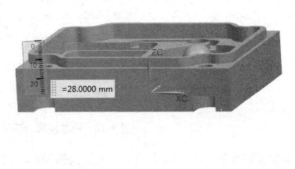

图 1-17　测量模型

15. 移动至图层

单击【格式】菜单下的【移动至图层】按钮，在弹出的对话框中，将【选择过滤器】设置为【草图】，矩形框选模型，可直接选取草图，如图 1-18 所示。

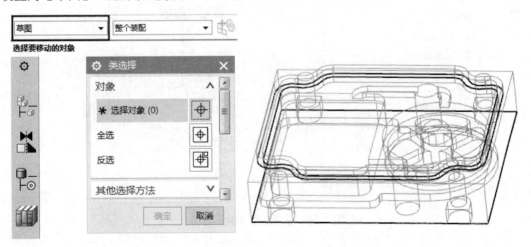

图 1-18　选取草图

在【图层移动】对话框中，将【目标图层或类别】设置为 3，草图被移动至图层 3，单击【确定】按钮，如图 1-19 所示。

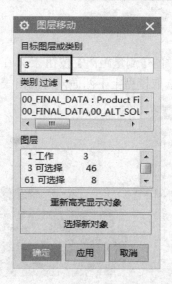

图 1-19 将草图移动至图层 3

单击【格式】菜单下的【图层设置】按钮▦，取消勾选图层 3，则草图所在的图层 3 被设置为不可见，草图也随之隐藏，如图 1-20 所示。

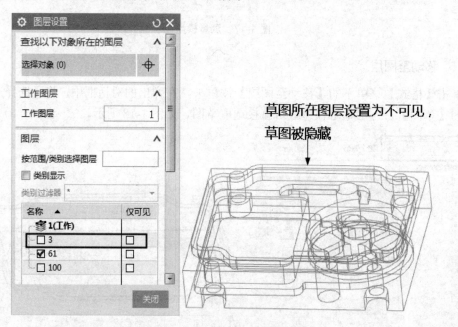

草图所在图层设置为不可见，
草图被隐藏

图 1-20 设置图层 3 为不可见

16. 设置密度与显示几何属性

单击【编辑】菜单中【特征】下的【实体密度】按钮⚠，弹出【指派实体密度】对话框，在【体】组中选取模型，设置【密度】组中的选项参数，如图 1-21 所示。

图 1-21   设置模型密度

单击【分析】菜单中【特征】下的【测量体】按钮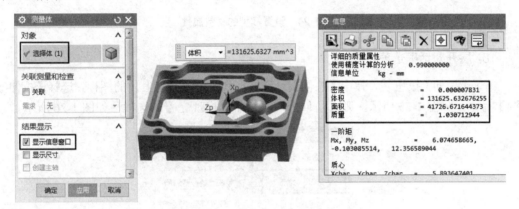，弹出【测量体】对话框，在【对象】组中选取模型，选中【显示信息窗口】复选框，可显示模型的各项几何属性参数，如图 1-22 所示。

图 1-22   查看模型几何属性

17. 设置部件属性

选择【文件】菜单中的【属性】命令，弹出【显示部件属性】对话框，在【部件属性】下的【对象名称】选项中右击，在弹出的快捷菜单中选择【新建属性】命令，设置材料属性，如图 1-23 所示。

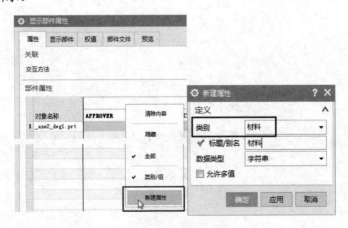

图 1-23   新建模型属性

设置【材料】为【45 钢】，如图 1-24 所示。

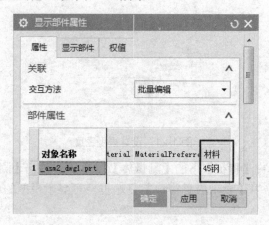

图 1-24　设置模型的材料属性

18. 展开对话框选项

单击【拉伸】按钮，弹出【拉伸】对话框，单击对话框左上角的图标，选择【拉伸(更多)】命令，如图 1-25 所示，则【拉伸】对话框中可出现完整的选项，如图 1-26 所示。

图 1-25　【拉伸】对话框

选项多

选项少

图 1-26 包含不同选项的【拉伸】对话框

【知识点解析】

1. 基准坐标系(CSYS)

基准坐标系属于特征的一种，方便辅助建模，会显示在部件导航器中，如图 1-27 所示。可对其进行创建、删除、编辑等操作。

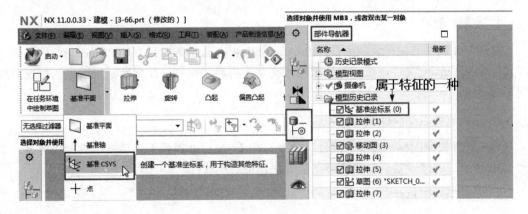

图 1-27 基准坐标系

2. 工作坐标系(WCS)

工作坐标系由软件系统自带，无法删除，不属于特征属性。直接在绘图区双击坐标系，可实现移动、旋转、原点定位等操作。单击【WCS 定位】按钮，可对 WCS 进行更精确的重定位，如图1-28所示。

图 1-28　工作坐标系

3. 绝对坐标系(ACS)

绝对坐标系由软件系统自带，是所有坐标系的基准，是概念性的虚拟坐标系，不可对其进行编辑操作。在绘图区左下角显示的"视角指示符"，表示绝对坐标系的方位。按 F8 键，可使模型定位于绝对坐标系视角。

任务 1.2　定制用户界面

根据用户具体的需求定制用户界面，可提高软件使用效率。通过本次任务，可以掌握 UG 界面的定制操作方法。

1. 定制标题栏

打开 UG 软件安装目录，盘符：\Program Files\Siemens\NX 11.0\UGII\menus，用记事本方式打开 ug_main 文件，在相关位置输入文字，再启动软件，在标题栏出现定制标题，如图 1-29 所示。

2. 定制软件启动快捷键

右击软件快捷图标，选择"属性"命令，在【NX 11.0 属性】对话框中设置快捷键，如图 1-30 所示。通过设置启动快捷键，能更快速地启动软件。

3. 定制用户工具栏

右击软件界面工具栏空白处，在弹出的快捷菜单中选择【定制】命令，可定制用户专属的工具栏，具体操作如图 1-31、图 1-32 所示。

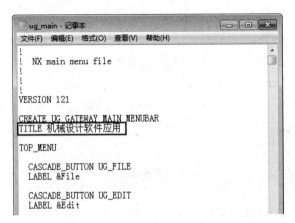

图 1-29　定制标题栏

图 1-30　定制软件启动快捷键

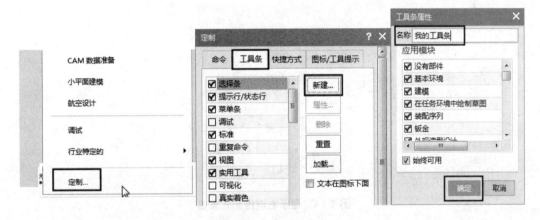

图 1-31　新建工具栏

图 1-32　定制工具栏

4. 定制推断式菜单

在绘图区空白处按下 Shift+Ctrl+左键、Shift+Ctrl+中键、Shift+Ctrl+右键，会显示不同的推断式菜单，如图 1-33 所示。

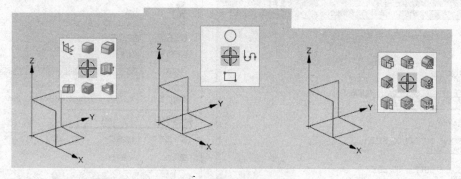

图 1-33　显示推断式菜单

如果只单独按下鼠标右键，出现的推断式菜单如图 1-34 所示。

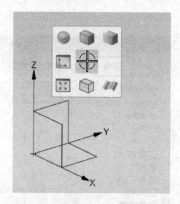

图 1-34　显示右键推断式菜单

切换到【定制】对话框中的【快捷方式】选项卡，选择【应用圆盘工具条 1】选项，可出现推断式菜单，如图 1-35 所示，用户可根据需要添加或移除命令按钮。

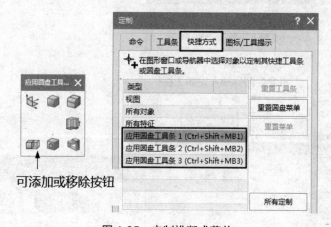

图 1-35　定制推断式菜单

5. 定制命令键盘快捷键

切换到【定制】对话框中的【快捷方式】选项卡，单击【键盘】按钮，打开【定制键盘】对话框，选取命令，可查看系统默认的快捷键，也可在【按新的快捷键】文本框中定制新的快捷键，如图 1-36 所示。

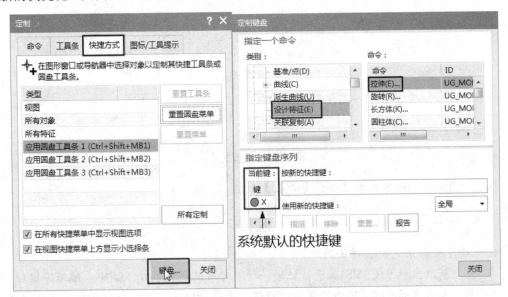

图 1-36　定制命令快捷键

项目小结

本项目介绍了 UG NX 11.0 软件的基本操作和定制用户界面，UG 软件的功能模块、工具栏、命令繁多，对于初学者来说往往觉得入门很难，熟练掌握基本操作才能为建模打下良好基础，同时定制适合职业岗位需求的用户界面也能有效提高建模效率。

课后习题

选择题

1. WCS 指的是(　　)。
   A. 绝对坐标系　　　　　　B. 基准坐标系　　　　　　C. 工作坐标系

2. 设置模型的透明度，应单击(　　)按钮。

   A.　　　　　　　　　　B.　　　　　　　　　　C.

3. 【隐藏】命令的快捷键是(　　)。
   A. Ctrl+B　　　　　　　B. Ctrl+Shift+K　　　　　　C. Ctrl+Shift+B

4. 图 1-37 中模型的渲染方式为(　　)。

    A. 艺术外观　　　　　　　　B. 着色　　　　　　　　　　C. 静态线框

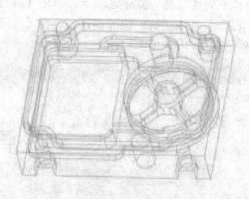

图 1-37　模型显示

5. 以下(　　)图标表示【部件导航器】。

    A.　　　　　　　　　　　　B.　　　　　　　　　　　　C.

6. 关于坐标系的说法错误的是(　　)。

    A. 基准坐标系(CSYS)属于特征的一种，可对其进行创建、删除、编辑等操作

    B. 工作坐标系(WCS)由软件系统自带，无法删除，不属于特征属性，不可实现移动、旋转、原点定位等操作

    C. 绝对坐标系(ACS)是概念性的虚拟坐标系，不可对其进行编辑操作

7. 在绘图区空白处按下 Shift+Ctrl+左键，显示的是(　　)。

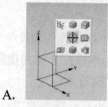　　　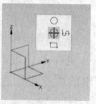　　　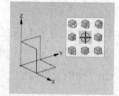

    A.　　　　　　　　　　　　B.　　　　　　　　　　　　C.

8. 在绘图区空白处单击鼠标右键，显示的是(　　)。

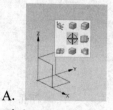　　　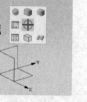　　　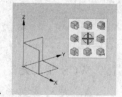

    A.　　　　　　　　　　　　B.　　　　　　　　　　　　C.

9. 单击(　　)按钮，可显示模型的体积和质量。

    A.　　　　　　　　　　　　B.　　　　　　　　　　　　C.

10. 按键盘上的(　　)键，可使模型定位于绝对坐标系视角。

    A. F8　　　　　　　　　　　B. F9　　　　　　　　　　　C. F10

项目2　简单机械零件建模

　　溢流阀是一种液压压力控制阀(见图 2-1)，主要起定压溢流、稳压、系统卸荷等安全保护作用。溢流阀工作时，当油压小于弹簧压力，阀芯被弹簧压在入口，液压油无法流入；当油压大于弹簧压力，阀芯被推动，液压油从入口流入，从出口流出。本项目以溢流阀零件建模为例，介绍简单机械零件的建模方法。

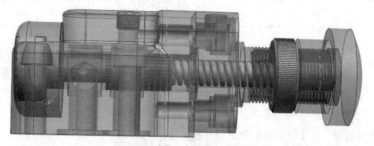

图 2-1　溢流阀

知识要点

- 实体建模常用命令如草图、拉伸、旋转、扫掠、阵列特征、圆柱、孔等的含义。
- 机械零件结构分析与创建思路。

技能目标

- 能看懂机械制图，分析零件结构特点，并选用合理的建模命令。
- 能解决建模过程中的错误报警。

任务 2.1　弹　簧　建　模

　　在溢流阀中，弹簧(见图 2-2)的作用是通过被压缩以产生阻力来对抗进油压力。通过本次任务，掌握螺旋线、管道、修剪体命令的应用。

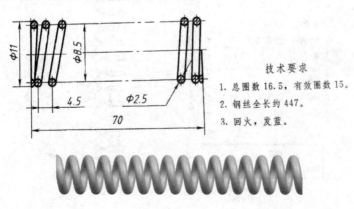

技术要求

1. 总圈数 16.5，有效圈数 15。

2. 钢丝全长约 447。

3. 回火，发蓝。

图 2-2　弹簧

【方案设计】

弹簧建模方案如表 2-1 所示。

表 2-1 弹簧建模方案

序号	结　构	策　略	效　果
1	螺旋线	【螺旋线】命令	
2	弹簧体	【管道】命令	
3	弹簧两端削平	【修剪体】命令	

【任务实施】

1. 构建弹簧外形

(1) 创建螺旋线。单击【曲线】工具栏中的【螺旋线】按钮 ，弹出【螺旋线】对话框，设置【类型】为【沿矢量】，【指定 CSYS】选取坐标系原点，设置相关参数，如图 2-3 所示。

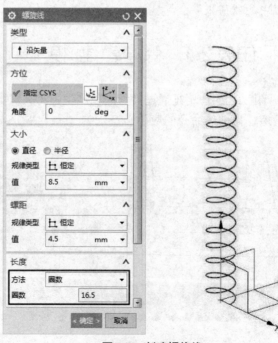

图 2-3 创建螺旋线

提示：软件默认设置螺旋线 Z 轴方向与绝对坐标系 Z 轴方向一致。

(2) 创建弹簧体。单击【管道】按钮 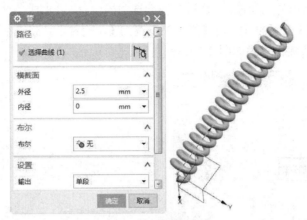，弹出【管】对话框，设置【路径】为螺旋线，如图 2-4 所示，完成弹簧的创建。

图 2-4　创建弹簧实体

2. 削平弹簧两端

单击【修剪体】按钮，弹出【修剪体】对话框，设置【目标】为管道体，设置【工具】为基准坐标系的 X-Y 平面，如图 2-5 所示。

图 2-5　修剪弹簧一端

再次单击【修剪体】按钮，弹出【修剪体】对话框，【目标】选择管道体，设置【工具选项】为【新建平面】，如图 2-6 所示，弹簧另一端被削平。

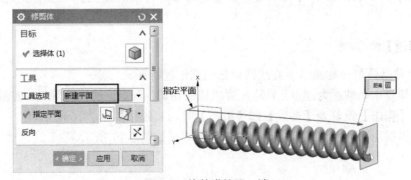

图 2-6　修剪弹簧另一端

【知识点解析】

1.【螺旋线】命令

螺旋线是一种常用的空间曲线。通过对不同选项的设置，可生成各种特殊效果的螺旋线。

(1) 在【螺旋线】对话框中，将【类型】设置为【沿脊线】，将直径大小的【规律类型】设置为【线性】，螺旋线效果如图2-7所示。

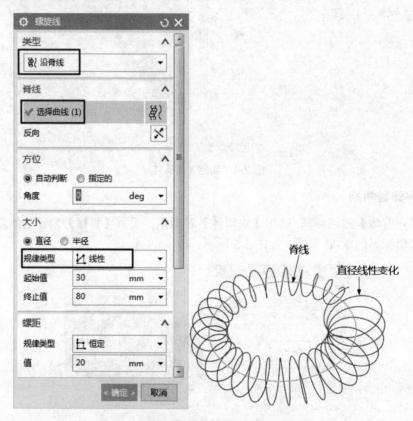

图 2-7　直径线性变化、螺距恒定的螺旋线

  (2) 在【螺旋线】对话框中，将【类型】设置为【沿矢量】，将直径大小的【规律类型】设置为【线性】，将螺距的【规律类型】设置为【沿脊线的线性】，螺旋线效果如图 2-8 所示。

2.【管道】命令

管道原理是圆形横截面沿中心线路径扫掠来创建特征。

(1) 系统设定横截面为圆形，且路径要求连续相切，否则无法创建管道，如图2-9所示。

(2) 将【输出】设置为【多段】或【单段】时，其效果如图2-10所示。

(3) 当横截面【内径】设置有数值时，管道效果如图2-11所示。

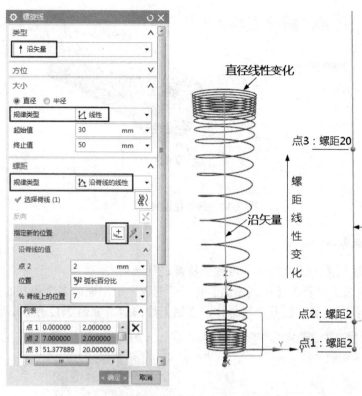

图 2-8 直径和螺距线性变化的螺旋线

图 2-9 信息提示框

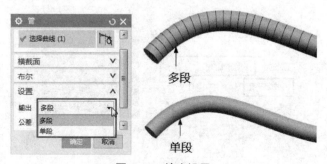

图 2-10 输出设置

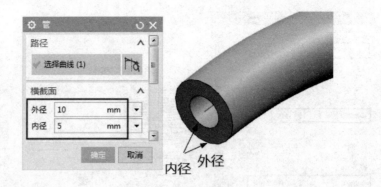

图 2-11 内外径设置

3.【修剪体】命令

该命令可以实现以面为工具对实体或片体特征进行修剪。

(1) 当【工具选项】设置为【面或平面】时，可选取一个平面或多个相邻的面对目标进行修剪，修剪时工具面必须穿过整个目标体，否则无法修剪，如图 2-12 所示。

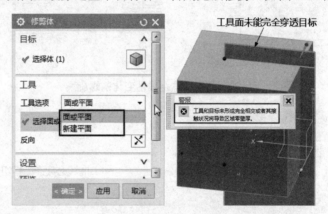

图 2-12 修剪体失败

(2) 当【工具选项】设置为【新建平面】时，系统会在指定的平面处构建一个"无界"的新平面，因此修剪成功，如图 2-13 所示。

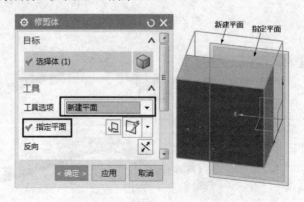

图 2-13 将【工具选项】设置为【新建平面】

任务 2.2　螺 盖 建 模

在溢流阀中，螺盖与阀体配合，起到密封的作用。通过本次任务掌握圆柱、孔、螺纹、倒斜角、阵列特征等命令的应用，如图 2-14 所示。

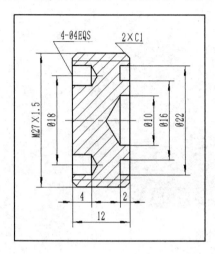

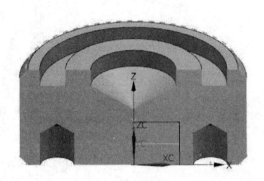

图 2-14　螺盖

【方案设计】

螺盖建模方案如表 2-2 所示。

表 2-2　螺盖建模方案

序　号	结　　构	策　　略	效　　果
1	主体外形	【圆柱】、【螺纹】、【倒斜角】命令	
2	孔特征	【孔】、【阵列特征】命令	

【任务实施】

1. 创建主体外形

(1) 创建圆柱。单击【圆柱】按钮 ，弹出【圆柱】对话框，将【指定矢量】设置为

ZC 轴，【指定点】设置为坐标系原点，【布尔】设置为【无】，如图 2-15 所示。

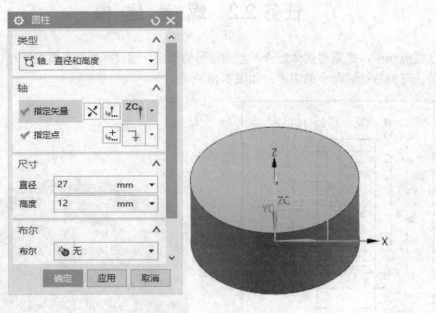

图 2-15　创建第 1 个圆柱

(2) 单击【圆柱】按钮 ，弹出【圆柱】对话框，将【指定矢量】设置为-ZC 轴，【指定点】设置为圆柱顶面圆心，【布尔】设置为【减去】，具体如图 2-16 所示。

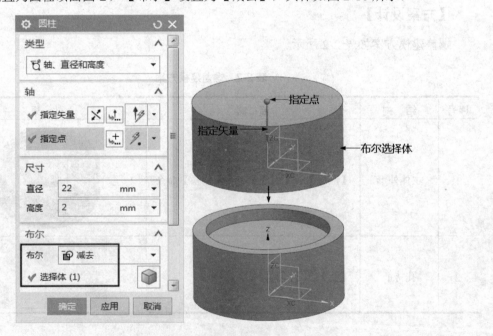

图 2-16　创建第 2 个圆柱

(3) 单击【圆柱】按钮 ，弹出【圆柱】对话框，将【指定矢量】设置为 ZC 轴，【指定点】设置为凹腔底面圆心，【布尔】设置为【合并】，具体如图 2-17 所示。

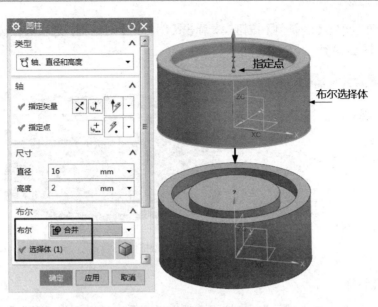

图 2-17 创建第 3 个圆柱

2. 创建螺纹

(1) 创建符号螺纹。单击【螺纹】按钮，弹出【螺纹切削】对话框，将【螺纹类型】设置为【符号】，选取圆柱面为螺纹面，设置螺纹参数，如图 2-18 所示。

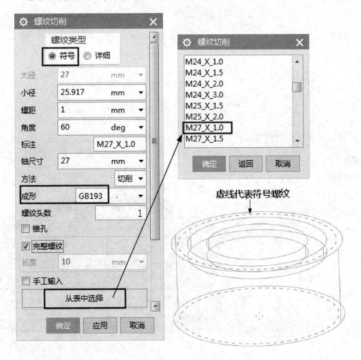

图 2-18 创建螺纹

提示：符号螺纹用虚线代表。

(2) 倒斜角。单击【倒斜角】按钮 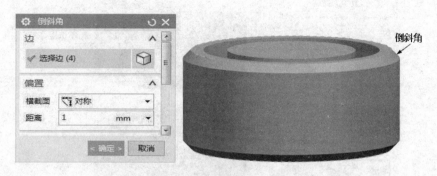，弹出【倒斜角】对话框，选取圆柱边线，设置【偏置】参数，如图 2-19 所示。

图 2-19　圆柱边线倒斜角

3. 创建孔特征

(1) 创建中心孔。单击【孔】 按钮，弹出【孔】对话框，将【类型】设置为【常规孔】，【指定点】设置为圆柱顶面圆心，并设置其他相关选项，如图 2-20 所示。

图 2-20　创建中心孔

(2) 创建钻孔。单击【孔】 按钮，弹出【孔】对话框，通过单击【选择】工具栏中的【点对话框】按钮 ，设置点的坐标，并设置【形状和尺寸】组，如图 2-21 所示。

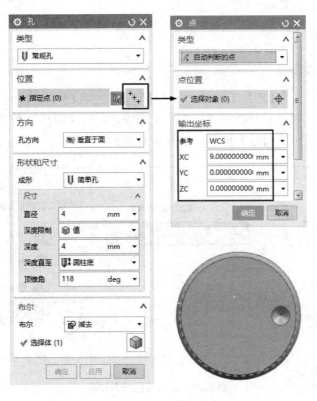

图 2-21　创建钻孔

(3) 阵列孔。单击【阵列特征】按钮 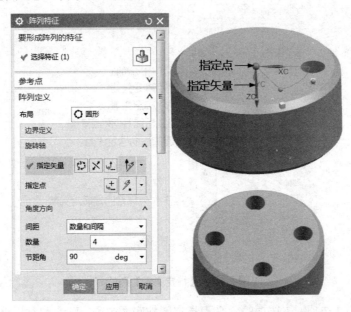，弹出【阵列特征】对话框，在【要形成阵列的特征】组中选取孔，将【布局】设置为【圆形】，【指定矢量】设置为圆柱轴线，【指定点】设置为【圆心】，并设置【角度方向】组，如图 2-22 所示。

图 2-22　阵列孔

【知识点解析】

1.【圆柱】命令

(1) 在工具栏中添加【圆柱】按钮。单击【特征】工具栏中的【添加或移除按钮】，选择【特征】命令，勾选【设计特征下拉菜单】命令，勾选【圆柱】命令，即可在【拉伸】按钮的下拉菜单中显示【圆柱】按钮，如图 2-23 所示。

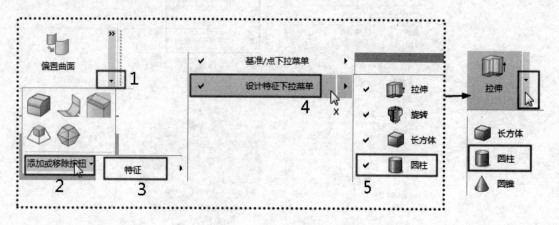

图 2-23　添加【圆柱】按钮

(2)【指定矢量】选项。该选项的含义为指定圆柱中心轴线矢量，可通过对话框自定义各种矢量，如图 2-24 所示。

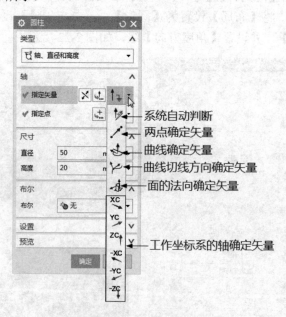

图 2-24　【指定矢量】选项

(3)【指定点】选项。该选项的含义为指定圆柱底面中心，可通过对话框指定点的位置，如图 2-25 所示。

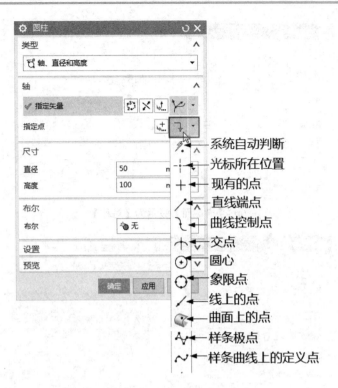

图 2-25　【指定点】选项

2.【布尔】运算

该选项是指在实体建模中进行"求和""求差""求交"的逻辑运算,包含"无""合并""减去""相交"四个选项,具体含义如图 2-26 所示。

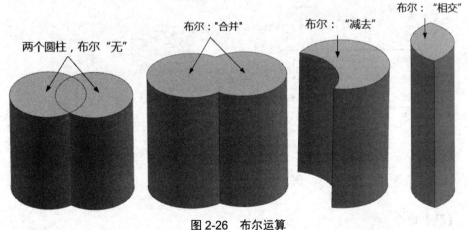

图 2-26　布尔运算

3.【倒斜角】命令

该命令可通过移除或添加材料将一个或多个实体的边斜接。

【横截面】选项包含三种类型:【对称】、【非对称】、【偏置和角度】,具体含义如图 2-27 所示。

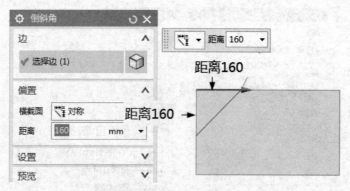

(a) 【横截面】设置为【对称】

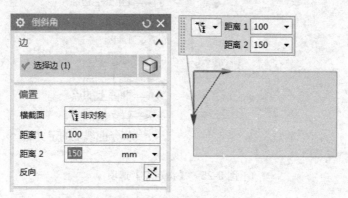

(b) 【横截面】设置为【非对称】

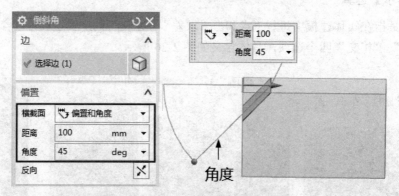

(c) 【横截面】设置为【偏置和角度】

图 2-27　【倒斜角】命令

4. 【孔】命令

　　【孔】命令是机械零件建模常用命令之一，可创建常规孔、钻形孔、螺钉间隙孔、螺纹孔几种孔类型。

　　(1) 【类型】设置为【常规孔】。【延伸开始】复选框可以使从曲面上沿矢量生成的孔完全穿透起始曲面，如图 2-28 所示。

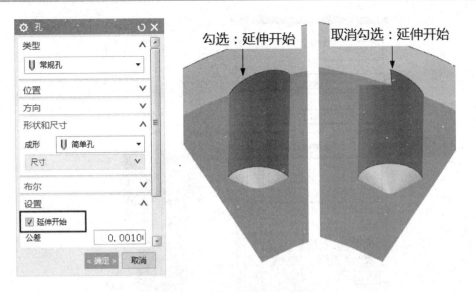

图 2-28　【类型】设置为【常规孔】

(2)【类型】设置为【钻形孔】。【等尺寸配对】选项设置为 Custom，用户才能对【尺寸】、【起始倒斜角】及【终止倒斜角】进行自定义。【终止倒斜角】选项只有当【深度限制】设置为【贯通体】时才有效，如图 2-29 所示。

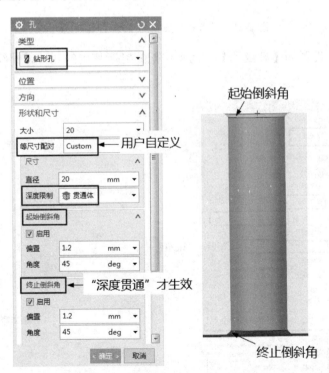

图 2-29　【类型】设置为【钻形孔】

(3)【类型】设置为【螺钉间隙孔】。螺钉间隙孔是用来装配螺栓所使用的孔，不存在螺纹特征，如图 2-30 所示。

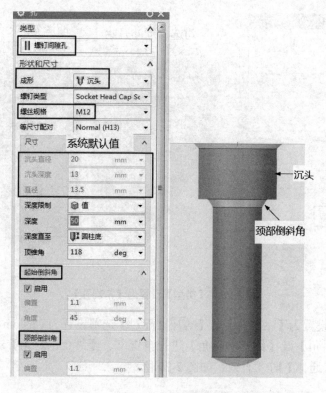

图 2-30　【类型】设置为【螺钉间隙孔】

(4)【类型】设置为【螺纹孔】。用来装配螺钉所使用的孔，带螺纹特征，如图 2-31 所示。

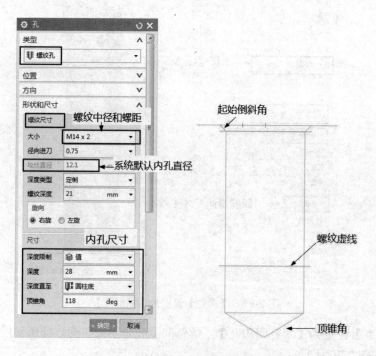

图 2-31　【类型】设置为【螺纹孔】

5. 【阵列特征】命令

【阵列特征】命令是 UG 关联复制功能中最常用的命令，其阵列的对象只能是显示在建模导航器中的特征对象，无法阵列非特征对象。

(1) 当【布局】设置为【圆形】时，特征将围绕指定矢量进行圆形布局上的复制，具体如图 2-32 所示。

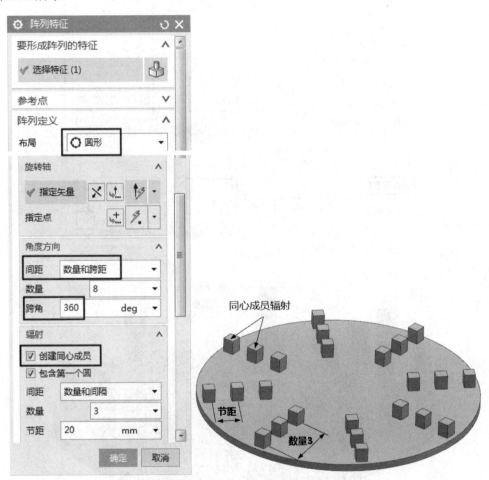

图 2-32　【布局】设置为【圆形】

(2) 设置【阵列增量】组，可使特征在阵列的同时还能实现特征尺寸增量变化，如图 2-33 所示。

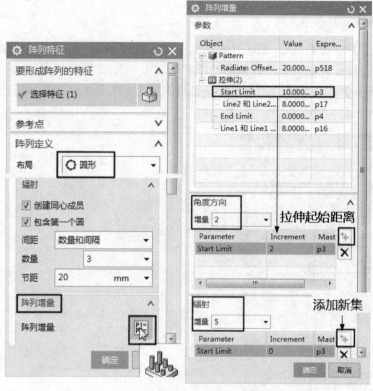

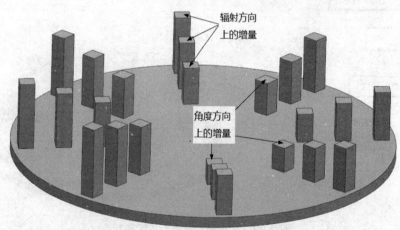

图 2-33 【阵列增量】选项设置

任务 2.3 滑 阀 建 模

滑阀是溢流阀的执行部件，通过滑阀运动可以控制进油出油。本次任务需掌握圆柱、槽、孔、阵列特征命令的应用，如图 2-34 所示。

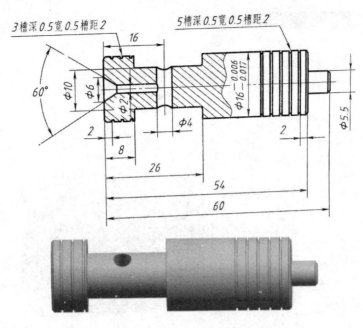

图 2-34　滑阀

【方案设计】

滑阀建模方案如表 2-3 所示。

表 2-3　滑阀建模方案

序号	结构	策略	效果
1	主体外形	【圆柱】、【倒斜角】命令	
2	圆槽	【槽】、【阵列特征】命令	
3	孔	【孔】命令	

【任务实施】

1. 创建主体外形

(1) 创建圆柱 1。单击【圆柱】按钮 🛢️，弹出【圆柱】对话框，【指定矢量】选取 ZC 轴，【指定点】选取坐标系原点，设置相关选项，如图 2-35 所示。

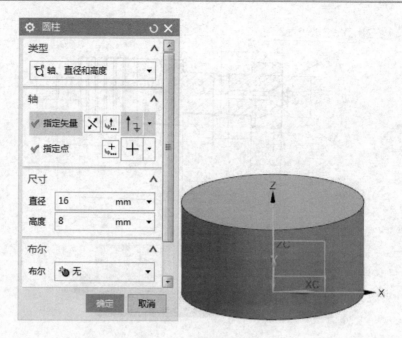

图 2-35　创建第 1 个圆柱

(2) 创建圆柱 2。单击【圆柱】按钮 ，弹出【圆柱】对话框，【指定矢量】选取 ZC 轴，【指定点】设置为圆柱 1 顶面圆心，【布尔】设置为【合并】，如图 2-36 所示。

指定圆心点

布尔选择体

图 2-36　创建第 2 个圆柱

(3) 创建其余圆柱体，如图 2-37、图 2-38 所示。

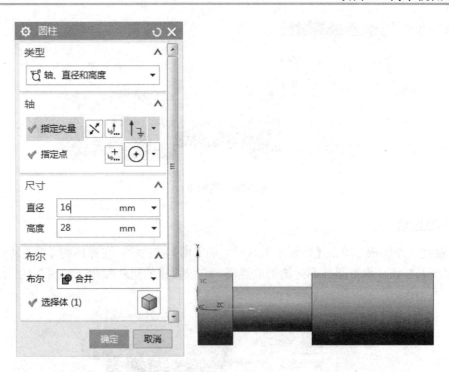

图 2-37 创建第 3 个圆柱

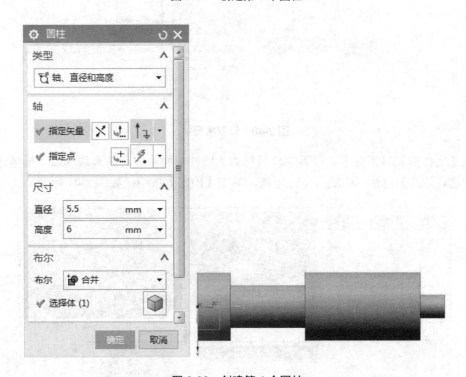

图 2-38 创建第 4 个圆柱

(4) 倒斜角。单击【倒斜角】按钮 ，弹出【倒斜角】对话框，选择 3 条边线，设置【偏置】组，如图 2-39 所示。

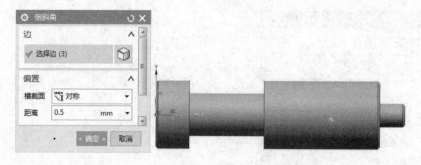

图 2-39　倒斜角

2. 创建圆槽

(1) 创建一个圆槽。单击【特征】工具栏中的【槽】按钮，在弹出的【槽】对话框中，单击【矩形】按钮，设置圆柱面为槽的放置面，并设置槽的尺寸参数，如图 2-40 所示。

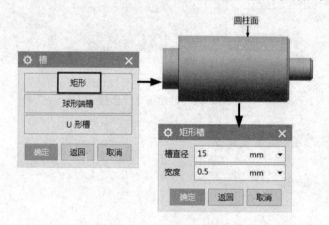

图 2-40　设置槽尺寸

在【定位槽】对话框中，设置定位目标边为圆柱端面边线，刀具边选取矩形槽边线，在【创建表达式】对话框中输入定位距离，单击【确定】按钮，如图 2-41 所示。

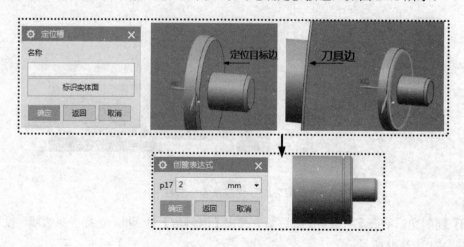

图 2-41　定位槽设置

(2) 阵列圆槽。单击【特征】工具栏中的【阵列特征】按钮，弹出【阵列特征】对话框。在【要形成阵列的特征】组中选取圆槽，将【布局】设置为【线性】，如图 2-42、图 2-43 所示。

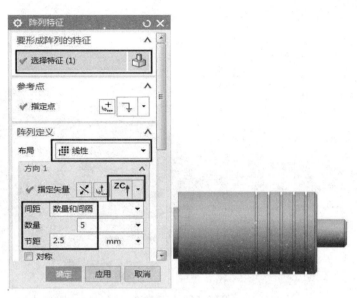

图 2-42　阵列一侧圆槽

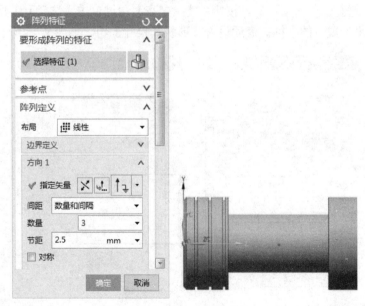

图 2-43　阵列另一侧圆槽

3. 创建通孔

(1) 创建钻孔。单击【孔】按钮，弹出【孔】对话框，设置【指定点】为端面圆心，设置【形状和尺寸】组，如图 2-44 所示。

图 2-44　创建钻孔

(2) 创建通孔。单击【孔】 按钮，【指定点】通过单击【选择】工具栏中的【点对话框】 按钮来设置点的坐标，最后设置【形状和尺寸】组，如图 2-45 所示。

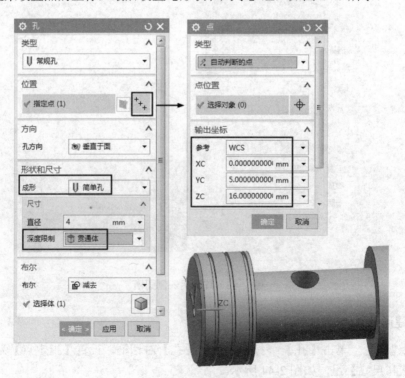

图 2-45　创建通孔

【知识点解析】

1.【槽】命令

槽属于设计特征的一种，通过设定相关参数即可自动生成特征。

其需选取圆柱面或圆锥面作为槽的放置面。设置定位时，目标边需选取放置体的边线，刀具边需选取槽的边线，以便创建定位尺寸，如图 2-46 所示。

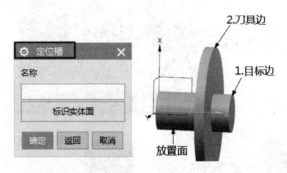

图 2-46　定位槽设置

2.【阵列特征】

(1) 当【布局】设置为【线性】时，可通过指定不同方向的矢量来实现线性布局上的特征阵列，如图 2-47 所示。

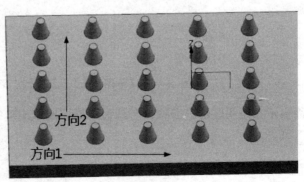

图 2-47　【布局】设置为【线性】

(2) 【阵列特征】 与【阵列几何特征】 的区别。显示在【部件导航器】中的每个操作步骤称之为"特征";而显示在绘图区的图素称之为"几何特征"。

当两个特征合并,【阵列特征】可以单独对其中的某个特征阵列;而【阵列几何特征】只能对整个几何体阵列,如图2-48所示。

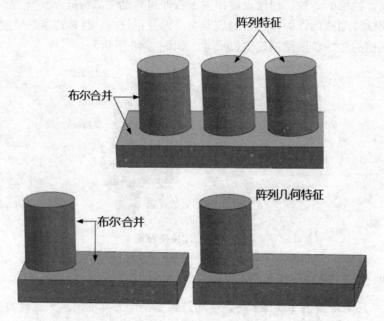

图 2-48 【阵列特征】与【阵列几何特征】的区别

而对于"非特征"对象,【阵列特征】无法对其进行阵列,如图2-49所示。

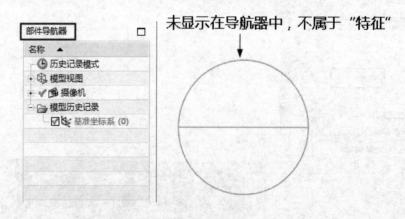

图 2-49 【阵列特征】无法阵列"非特征"对象

而显示在绘图区的"非特征"几何对象,可以使用【阵列几何特征】命令进行阵列,如图2-50所示。

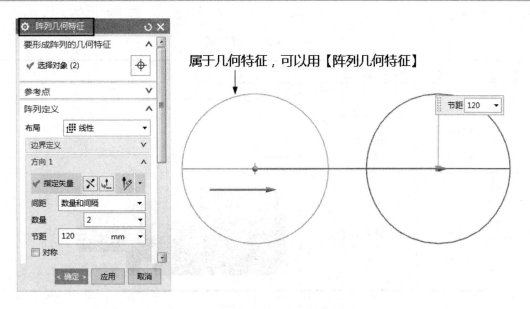

图 2-50 【阵列几何特征】阵列"非特征"对象

任务 2.4 调节杆建模

在溢流阀中，调节杆两端分别与调节螺母和弹簧接触，调节螺母通过调节杆压缩弹簧，如图 2-51 所示。通过本次任务掌握草图、旋转命令的应用。

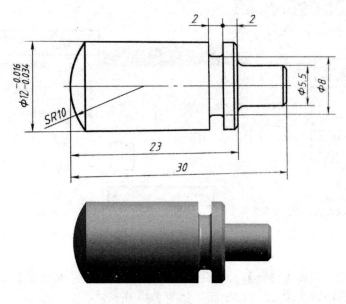

图 2-51 调节杆

【方案设计】

调节杆建模方案如表 2-4 所示。

表2-4   调节杆建模方案

序号	结　构	策　略	效　　果
1	主体截面	【在任务环境中绘制草图】命令	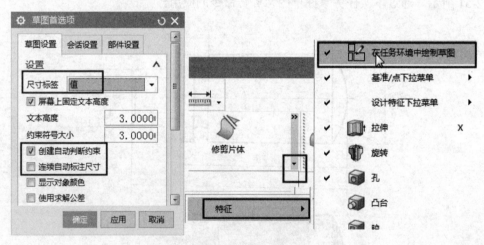
2	主体外形	【旋转】命令	

【任务实施】

1. 绘制草图

(1) 首选项设置与添加【在任务环境中绘制草图】选项。选择【菜单】|【首选项】|【草图】命令，在弹出的【草图首选项】对话框中，进行初始设置。单击【特征】工具栏下拉按钮，在弹出的下拉列表中选择【在任务环境中绘制草图】选项，如图2-52所示。

图2-52   首选项设置

(2) 绘制草图。单击【特征】工具栏中的【在任务环境中绘制草图】按钮，将【指定CSYS】设置为系统默认的 XC-YC 平面，如图2-53所示。

提示：　【指定 CSYS】选项需要选取一个平面，可以是基准坐标系 CSYS 的 X-Y、X-Z、Y-Z 平面或几何体特征上的平面。

图 2-53　【指定 CSYS】设置

进入到任务环境绘制草图，如图 2-54 所示，最后单击【完成草图】按钮 。

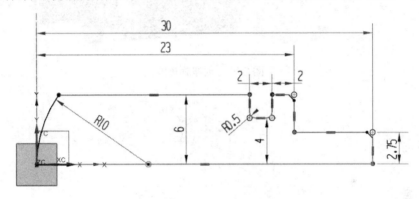

图 2-54　绘制草图

📌 **提示**：草图画法在【知识点解析】中有详解；未注斜角为 C0.5。

2. 创建旋转体

单击【旋转】按钮🌰，弹出【旋转】对话框，在【截面线】组中选取草图，【指定矢量】选取"XC 轴"，将【布尔】设置为【无】，并设置【限制】组，如图 2-55 所示，最后单击【确定】按钮即可。

【知识点解析】

1. 草图

可以在平面中绘制曲线，通过对曲线施加尺寸和几何约束，来表达设计意图，实现参数驱动。以图 2-56 为例，简单说明草图绘制方法。

(1) 首选项设置与添加【在任务环境中绘制草图】选项。选择【首选项】|【草图】命令，在打开的【草图首选项】对话框中进行初始设置，如图 2-57 所示。

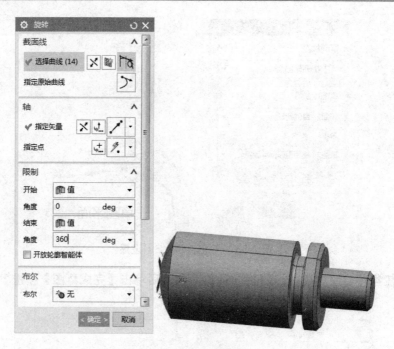

图 2-55　创建旋转体

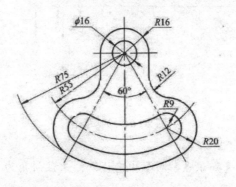

图 2-56　草图任务

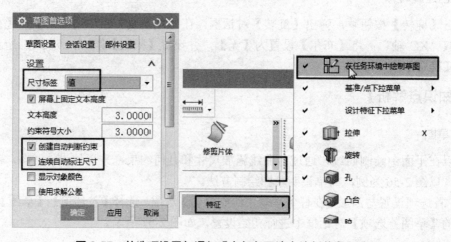

图 2-57　首选项设置与添加【在任务环境中绘制草图】选项

(2) 曲线绘制。单击【特征】工具栏中的【在任务环境中绘制草图】按钮🖳，【指定 CSYS】选取系统默认的 XC-YC 平面，绘制草图。单击【圆】按钮○，以坐标系原点为圆心，绘制 4 个同心圆。进入草图环境，选择【首选项】|【草图】命令，进行初始设置，如图 2-58 所示。

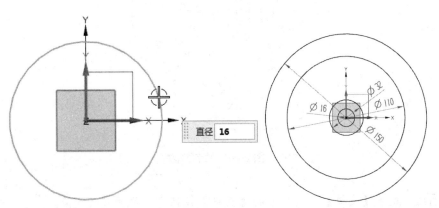

图 2-58　绘制两个整圆

单击【直线】按钮╱，从原点出发，绘制斜线。单击【快速尺寸】按钮，选取 Y 轴和直线，标注角度尺寸，如图 2-59 所示。

单击【转换为参考】按钮，弹出【转换至/自参考对象】对话框，选取直径为 110 的圆，斜线设置为参考线，如图 2-60 所示。

单击【圆】按钮○，以参考线交点为圆心，绘制两个同心圆，如图 2-61 所示。

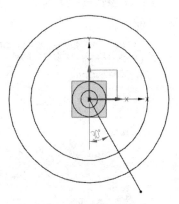

图 2-59　绘制直线

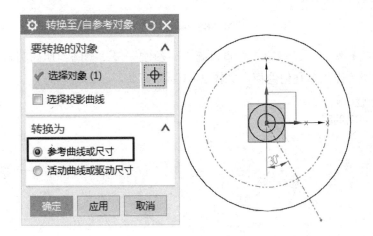

图 2-60　转换参考线

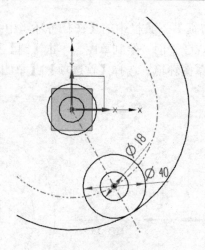

图 2-61　绘制整圆

提示：激活【选择】工具栏中的【交点】按钮 ↑，便于捕捉交点。

单击【镜像曲线】按钮 ⚏，弹出【镜像曲线】对话框，以 Y 轴为中心线，镜像曲线，如图 2-62 所示。

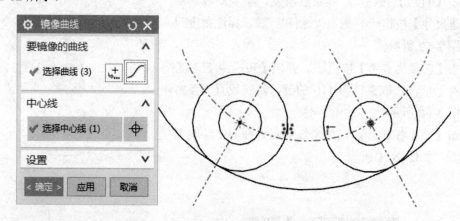

图 2-62　镜像曲线

单击【圆弧】按钮 ↰，通过"三点画弧"，绘制一段与整圆相切的圆弧，此时圆弧右端与整圆未相切，需添加几何约束，如图 2-63 所示。

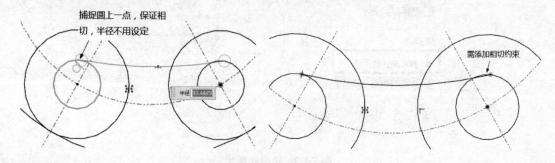

图 2-63　绘制圆弧

提示：激活【选择】工具栏中的【点在线上】按钮 ，便于选取点。单击【几何约束】按钮 ，在弹出的【几何约束】对话框中，单击【相切】按钮，选取圆弧与整圆，如图 2-64 所示。

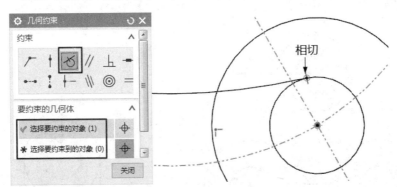

图 2-64　【相切】约束设置

再次单击【圆弧】按钮 ，绘制另一段相切圆弧，如图 2-65 所示。

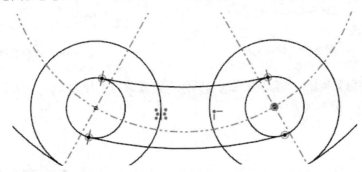

图 2-65　绘制相切圆弧

单击【几何约束】按钮 ，在弹出的【几何约束】对话框中，单击【同心圆】按钮，【选择要约束的对象】选取一段圆弧，【选择要约束到的对象】选取"直径 150 整圆"，保证圆弧与整圆同心，如图 2-66 所示。

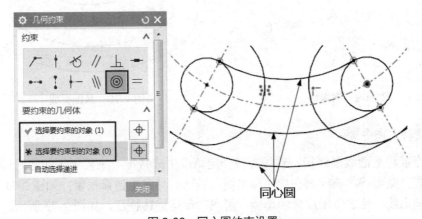

图 2-66　同心圆约束设置

单击【快速修剪】按钮 ，删除多余线条，如图 2-67 所示。

单击【直线】按钮 ，捕捉圆上一点，绘制与整圆相切的竖直线，如图 2-68 所示。

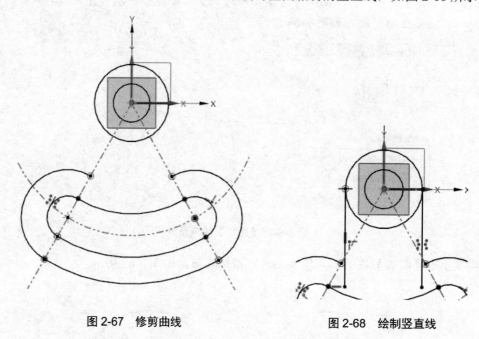

图 2-67　修剪曲线　　　　　　　　　　　图 2-68　绘制竖直线

单击【倒圆角】按钮 ，选取直线与圆弧，设置圆角半径为 12，修剪多余曲线，完成草图，如图 2-69、图 2-70 所示。

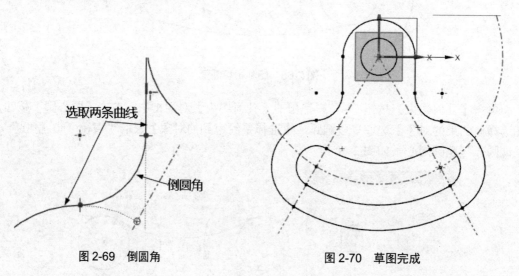

图 2-69　倒圆角　　　　　　　　　　　　图 2-70　草图完成

2.【旋转】命令

该命令能将截面线围绕指定轴线旋转一定角度生成特征，主要用于构建回转特征。需要注意的是，截面线应该绘制在旋转轴单侧，否则容易发生错误报警，如图 2-71 所示。

调整截面线，使之位于旋转轴单侧，可成功创建旋转特征，如图 2-72 所示。

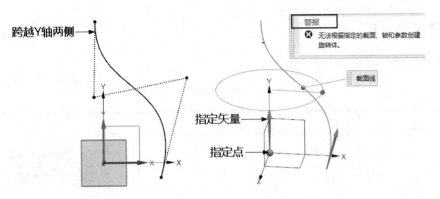

图 2-71 旋转错误报警

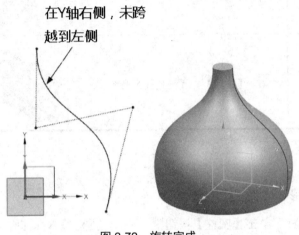

图 2-72 旋转完成

任务 2.5 锁紧螺母建模

在溢流阀中，锁紧螺母与阀盖的螺纹轴配合，通过螺母的锁紧对调节螺母进行定位，如图 2-73 所示。通过本次任务，应掌握草图、拉伸、阵列面命令的应用。

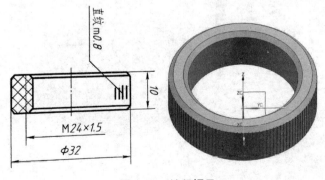

图 2-73 锁紧螺母

【方案设计】

锁紧螺母建模方案如表 2-5 所示。

表 2-5　锁紧螺母建模方案

序号	结　构	策　略	效　果
1	主体外形	【圆柱】、【螺纹】、【倒斜角】命令	
2	滚花	【拉伸】、【阵列面】命令	

【任务实施】

1. 创建主体外形

(1) 创建空心圆柱。单击【圆柱】按钮🛢，弹出【圆柱】对话框，将【指定矢量】设置为 ZC 轴，【指定点】选取坐标系原点，并设置其他相关选项，如图 2-74 所示。

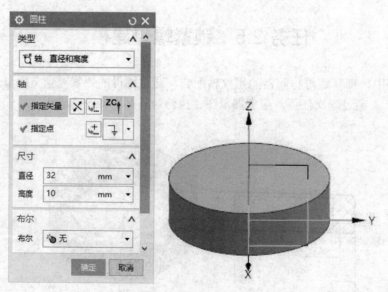

图 2-74　创建第 1 个圆柱

单击【圆柱】按钮 ，在弹出的【圆柱】对话框中设置相关选项，如图 2-75 所示。

图 2-75　创建第 2 个圆柱

(2) 创建螺纹。单击【螺纹】按钮 ，弹出【编辑螺纹】对话框，选取圆柱内表面，设置螺旋参数，如图 2-76 所示。

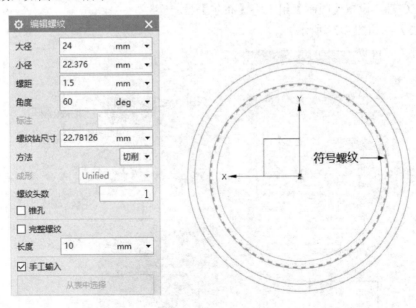

图 2-76　创建螺纹

(3) 倒斜角。单击【倒斜角】按钮 ，在弹出的【倒斜角】对话框中，选取边线，设置【偏置】组，如图 2-77 所示。

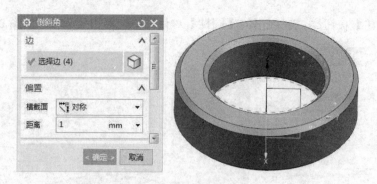

图 2-77 倒斜角

2. 创建滚花

(1) 绘制截面。单击【在任务环境中绘制草图】按钮，【指定 CSYS】设置为 XC-YC 平面，绘制草图，如图 2-78 所示，设置完成后，单击【完成草图】按钮 。

提示：滚花为非标准特征，截面尺寸可自定义。

(2) 创建拉伸体。单击【拉伸】按钮 ，弹出【拉伸】对话框，【截面线】选取草图，【指定矢量】选取 ZC 轴，设置【限制】组，将【布尔】设置为【减去】，如图 2-79 所示。

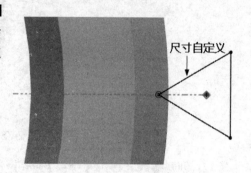

图 2-78 绘制草图

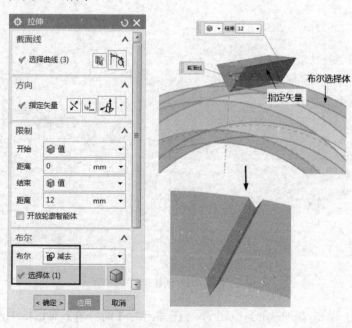

图 2-79 创建拉伸体

（3）阵列滚花槽。单击【阵列面】按钮，弹出【阵列面】对话框，在【面】组中选取槽的面，设置相关选项，如图 2-80 所示。

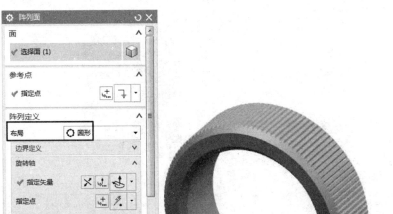

图 2-80　阵列面

【知识点解析】

1. 【拉伸】命令

拉伸是实体建模应用最多的命令，其可以使截面线按照指定矢量方向伸长而创建特征。

（1）设置结束【距离】为【测量】。单击结束【距离】下拉按钮，选择【测量】选项，即可测量已存在的特征尺寸，测量值将被自动赋给当前拉伸的结束距离，如图 2-81 所示。

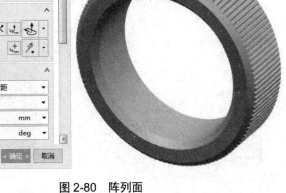

拉伸截面

图 2-81　结束【距离】设置为【测量】

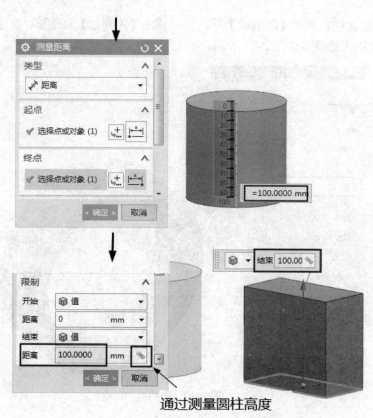

通过测量圆柱高度
得到长方体拉伸距离

图 2-81　结束【距离】设置为【测量】(续)

当圆柱体高度发生改变时，长方体拉伸距离也会发生相应变化，如图 2-82 所示。

长方体的高度随圆柱
高度一起发生改变

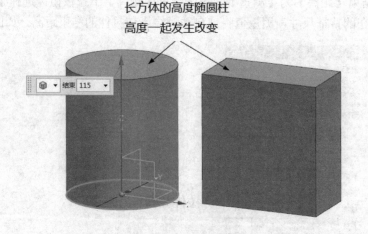

图 2-82　长方体拉伸距离变化

(2) 将结束【距离】设置为【直至下一个】，其含义为拉伸至下一个面而终止，系统自动指定终止面，无须用户指定，如图 2-83 所示。

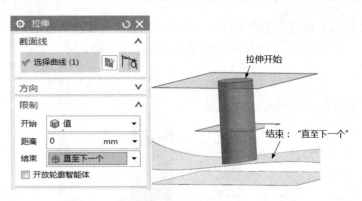

图 2-83　结束【距离】设置为【直至下一个】

(3) 结束【距离】设置为【直至选定】。即由用户指定拉伸终止面，如图 2-84 所示。

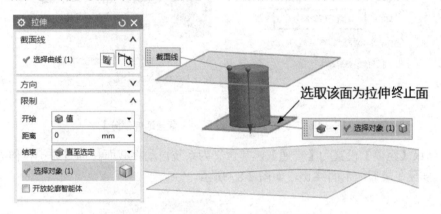

图 2-84　结束【距离】设置为【直至选定】

需要特别注意的是，此处要求选取的拉伸终止面必须与被拉伸体完全相交，否则会发生报警，如图 2-85 所示。

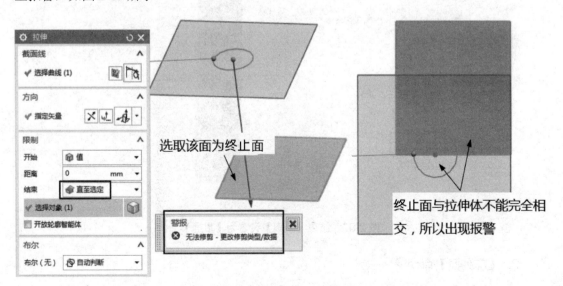

图 2-85　拉伸错误报警

(4) 结束【距离】设置为【直至延伸部分】，其含义与【直至选定】选项相同，区别在于该选项指定的终止面不需要与拉伸体完全相交，如图 2-86 所示。

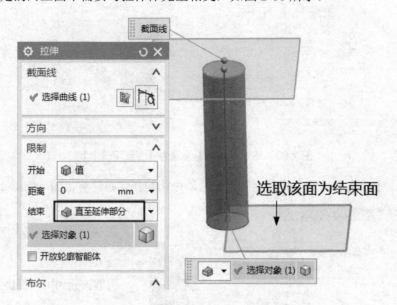

图 2-86　结束【距离】设置为【直至延伸部分】

(5) 结束【距离】设置为【贯通】，其含义为系统自动将截面拉伸贯通于拉伸方向上的所有面，直至在最后一个面终止，如图 2-87 所示。

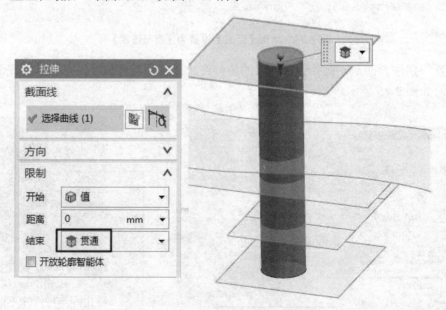

图 2-87　结束【距离】设置为【贯通】

2. 【阵列面】命令

该命令与【阵列特征】、【阵列几何特征】命令的应用方法基本相同。区别在于其阵

列的对象是实体特征的表面，不能用于阵列独立的片体，如图 2-88 所示。

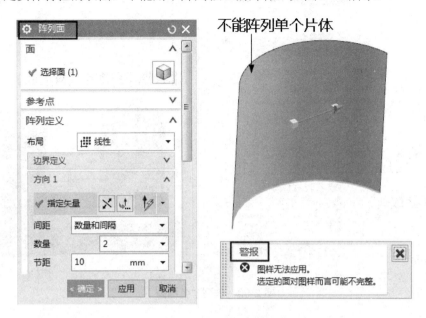

图 2-88　阵列面错误报警

选择几何特征表面时，需要选择两个以上面，以保证图样完整，如图 2-89 所示。

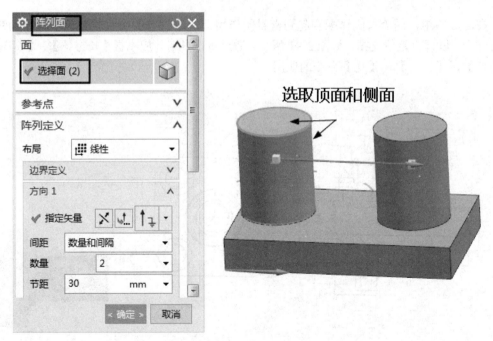

图 2-89　阵列面设置

　　【阵列面】命令存在的最大意义在于，如果模型是非参模型，即特征参数被移除，则无法使用【阵列特征】或【阵列几何特征】命令，只能使用【阵列面】命令，如图 2-90 所示。

图 2-90　阵列非参模型

任务 2.6　阀 盖 建 模

在溢流阀中，阀盖与阀体配合起到密封的作用，同时阀盖的螺纹轴与调节螺母和锁紧螺母配合，以提供定位支撑，如图 2-91 所示。通过本次任务，应掌握【长方体】、【草图】、【拉伸】、【旋转】、【孔】命令的应用。

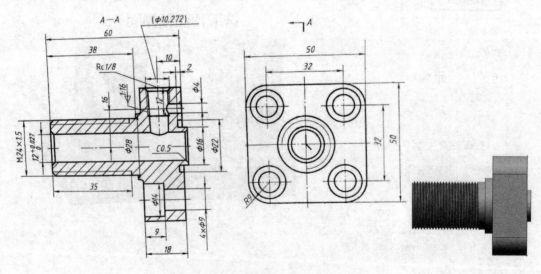

图 2-91　阀盖

【方案设计】

阀盖建模方案如表 2-6 所示。

表 2-6　阀盖建模方案

序号	结　构	策　略	效　果
1	主体外形	【长方体】、【圆柱】、【倒斜角】命令	
2	外螺纹	【螺纹】命令	
3	简单孔	【孔】、【阵列特征】命令	
4	锥形孔	【草图】、【旋转】命令	

【任务实施】

1. 主体外形建模

(1) 创建长方体。单击【长方体】按钮 ，弹出【长方体】对话框，【原点】指定为坐标系原点，设置【尺寸】组，如图 2-92 所示。

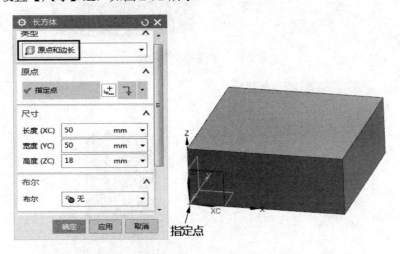

图 2-92　创建长方体

提示：　系统默认坐标系原点为长方体原点。

单击【边倒圆】按钮，弹出【边倒圆】对话框，选取方块 4 条棱边，将【半径 1】设置为 9，如图 2-93 所示。

图 2-93　倒圆角

(2) 创建圆柱系列。单击【圆柱】按钮，在弹出的【圆柱】对话框中设置相关选项，如图 2-94～图 2-96 所示。

图 2-94　创建第 1 个圆柱

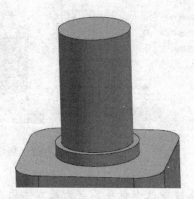

图 2-95　创建第 2 个圆柱

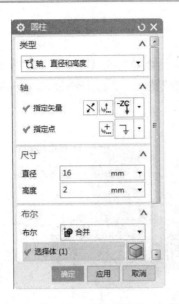

图 2-96   创建第 3 个圆柱

(3) 创建底部圆槽。单击【拉伸】按钮，弹出【拉伸】对话框，【截面线】选取整圆，并设置相关选项，如图 2-97 所示。

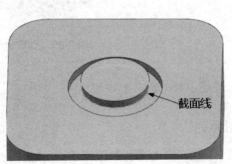

图 2-97   创建底部圆槽

2. 创建螺纹

单击【螺纹】按钮 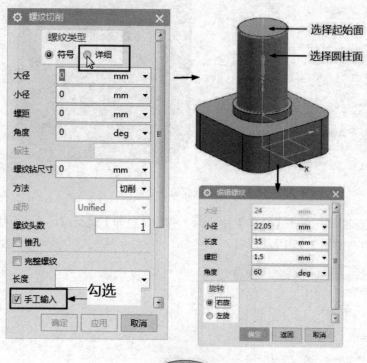，弹出【螺纹切削】对话框，勾选【手工输入】复选框，将【螺纹类型】设置为【详细】，选择圆柱面作为螺纹放置面，再选择圆柱端面作为螺纹起始面，最后设置螺纹参数，如图 2-98 所示。

图 2-98　创建螺纹

📑 **提示：** 螺纹小径=大径-1.3×螺距。

3. 创建孔系列

(1) 创建沉头孔。单击【孔】按钮 ，弹出【孔】对话框，【指定点】设置为圆弧中心，并设置其他相关参数，如图 2-99 所示。

(2) 阵列沉头孔。单击【阵列特征】按钮 ，弹出【阵列特征】对话框，将【布局】

设置为【线性】，并设置其他相关参数，如图 2-100 所示。

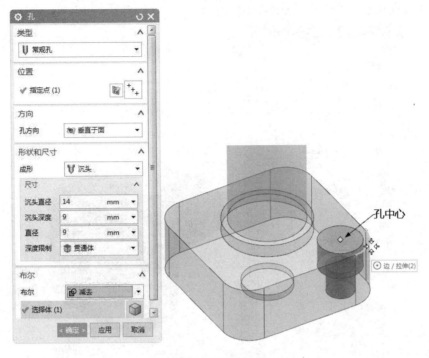

图 2-99　创建沉头孔

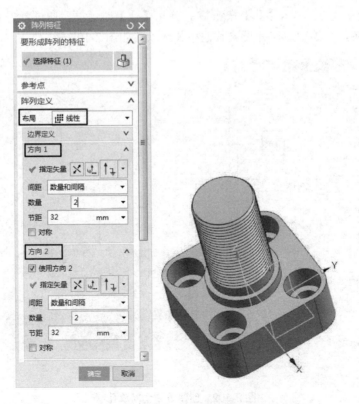

图 2-100　阵列沉头孔

(3) 创建简单孔 1。单击【孔】按钮 ⬡，弹出【孔】对话框，【指定点】设置为底部圆柱中心，并设置其他相关选项，如图 2-101 所示。

图 2-101　创建第 1 个简单孔

(4) 创建简单孔 2。单击【孔】按钮 ⬡，弹出【孔】对话框，通过单击【绘制截面】按钮 ▣，进入草图，来绘制点，并设置其他相关选项，如图 2-102 所示。

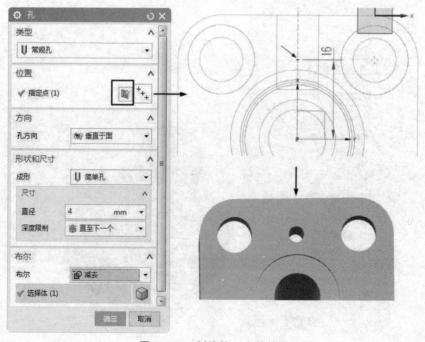

图 2-102　创建第 2 个简单孔

4. 创建锥形孔

(1) 绘制草图。单击【在任务环境中绘制草图】按钮，草图平面选取 XC-ZC 平面，绘制草图，如图 2-103 所示，最后单击【完成草图】按钮即可。

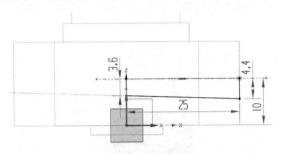

图 2-103　绘制草图

提示： ① Rc1/8 为 60° 圆锥内螺纹，其大径为 10.27，中径为 9.52，小径为 8.77，所以圆锥孔大端的直径为 8.77。

② 锥度 $C = \dfrac{大端直径 - 小端直径}{锥长}$，锥度为 1/16，大端直径为 8.77，锥长为 25，小端直径经计算为 3.6。

(2) 创建旋转体。单击【旋转】按钮，弹出【旋转】对话框，【截面线】选取草图，【指定矢量】选取草图直线，【指定点】系统默认为直线端点，将【布尔】设置为【减去】，如图 2-104 所示。

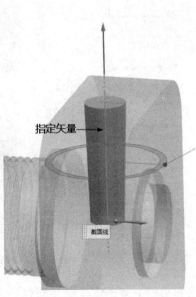

图 2-104　创建旋转体

提示： 为便于选取旋转矢量，最好先隐藏方块体。

5. 倒角

单击【倒圆角】和【倒斜角】按钮，选取边线进行倒角，如图 2-105 所示。

图 2-105　倒角

提示： 斜角标注为 C0.5，圆角标注为 R1。

【知识点解析】

【长方体】命令

长方体是实体建模常用的设计特征之一。在【长方体】对话框中，当【类型】设置为【两点和高度】时，其应用方法如图 2-106 所示。

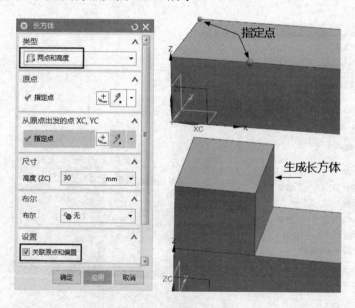

图 2-106　创建长方体

【关联原点和偏置】复选框决定了新建长方体的原点定位是否会与其参考特征发生关联。若关联，则当参考特征改变时，新建长方体位置也随之变化，如图 2-107 所示。

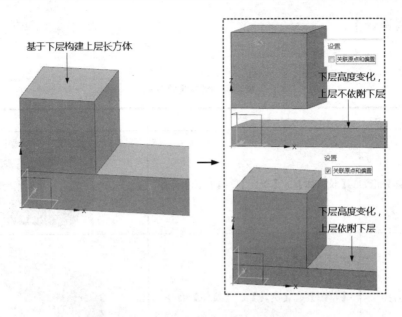

基于下层构建上层长方体

设置
☐ 关联原点和偏置

下层高度变化，
上层不依附下层

设置
☑ 关联原点和偏置

下层高度变化，
上层依附下层

图 2-107　设置【关联原点和偏置】复选框

任务 2.7　阀 体 建 模

阀体起支撑、定位和密封作用，由凸台、内腔、沉孔、螺纹孔、铸造圆角等结构组成，如图 2-108 所示。通过本次任务，应掌握【草图】、【拉伸】、【旋转】等常用命令的应用及建模错误解决办法。

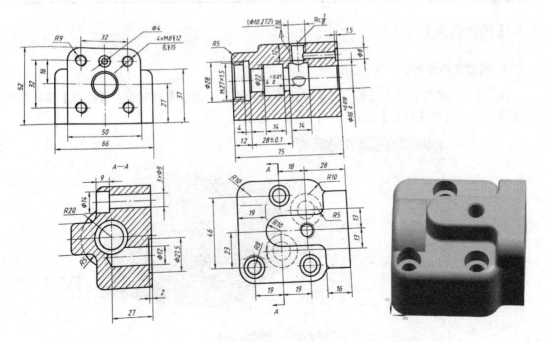

图 2-108　阀体

【方案设计】

阀体建模方案如表 2-7 所示。

表 2-7　阀体建模方案

序号	结　构	策　略	效　果
1	主体外形	【长方体】、【草图】、【拉伸】命令	
2	内腔	【草图】、【旋转】、【拉伸】命令	
3	孔	【孔】、【阵列特征】、【倒圆角】、【拉伸】命令	

【任务实施】

1. 创建主体外形

(1) 创建方块体。单击【长方体】按钮，弹出【长方体】对话框，【原点】指定为坐标系原点，并设置【尺寸】选项，如图 2-109 所示。

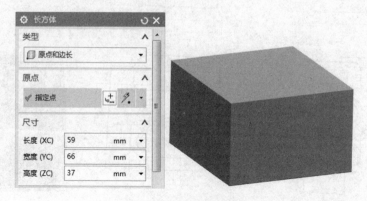

图 2-109　创建方块体

(2) 创建圆柱体。单击【在任务环境中绘制草图】按钮，草图平面选取 YC-ZC 平面，绘制草图，如图 2-110 所示。

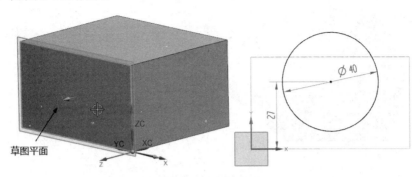

图 2-110　绘制草图

单击【拉伸】按钮，弹出【拉伸】对话框，【截面线】选取草图曲线，并设置相关选项，如图 2-111 所示。

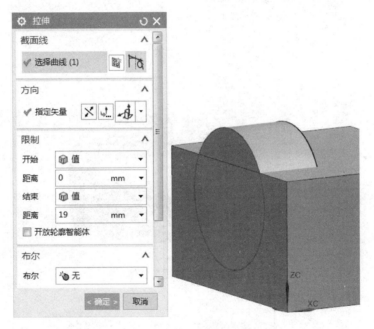

图 2-111　创建圆柱体

提示：　因考虑到后续建模特征的干涉问题，故此处圆柱不能与方块进行布尔合并。

(3) 创建拉伸体 1。单击【在任务环境中绘制草图】按钮，【指定 CSYS】设置为 XC-YC 平面，绘制草图，如图 2-112 所示。

单击【拉伸】按钮，弹出【拉伸】对话框，【截面线】选取草图曲线，并设置相关选项，如图 2-113 所示。

单击【边倒圆】按钮，根据零件图选取相关边线，设置圆角半径，完成主体圆角特征的创建，如图 2-114 所示。

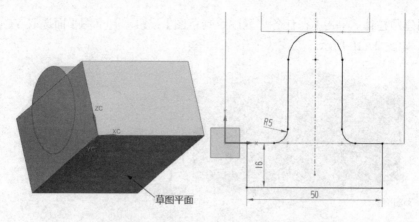

图 2-112　绘制草图

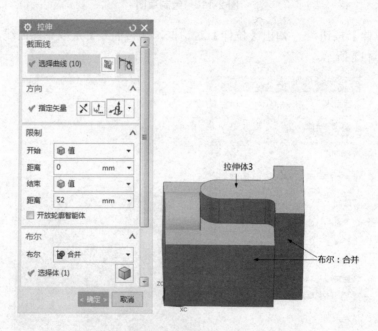

图 2-113　创建拉伸体

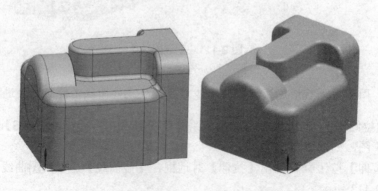

图 2-114　倒圆角

2. 创建内腔

(1) 创建基准平面。单击【基准平面】按钮 ，弹出【基准平面】对话框，选取左右两侧面，创建中分基准平面，如图 2-115 所示。

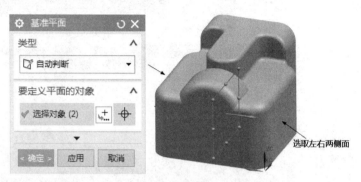

图 2-115 创建基准平面

(2) 创建旋转体。单击【在任务环境中绘制草图】按钮 ，草图平面选取基准平面，绘制草图，如图 2-116 所示，最后单击【完成草图】按钮 。

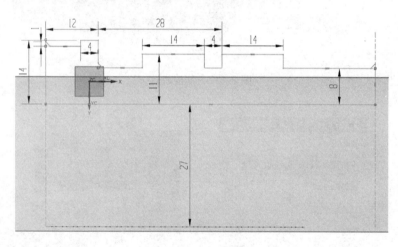

图 2-116 绘制草图

单击【旋转】按钮 ，弹出【旋转】对话框，【截面线】选取草图曲线，将【布尔】设置为【减去】，【选择体】选取方块体，如图 2-117 所示。

![提示] **提示：** 因圆柱体未能与方块体进行布尔合并，故需分两次进行布尔减去。

再次单击【旋转】按钮 ，弹出【旋转】对话框，【截面线】选取草图曲线，【选择体】选取圆柱，如图 2-118 所示。

(3) 单击【螺纹】按钮 ，弹出【螺纹切削】对话框，选择螺纹圆柱面，并设置螺纹参数，如图 2-119 所示。

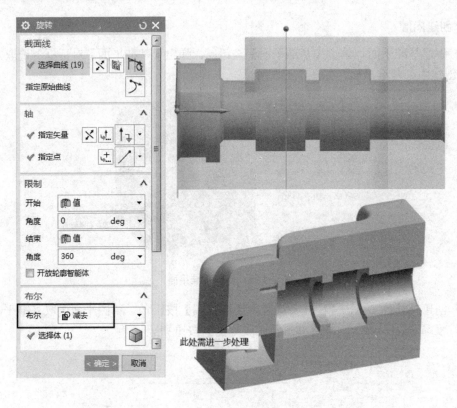

图 2-117　创建旋转

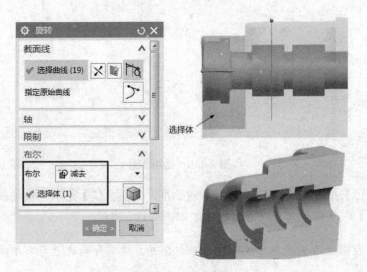

图 2-118　创建旋转

提示：　用【螺纹】命令创建特征时,软件会根据圆柱面直径自动计算来获取螺纹参数。

3. 创建孔系列

(1) 创建螺纹孔。单击【孔】按钮 ⬡，弹出【孔】对话框，【指定点】选取圆心，如

图 2-120 所示。

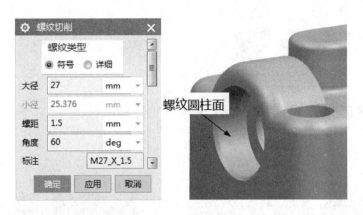

图 2-119　创建螺纹

图 2-120　创建螺纹孔

　　单击【阵列特征】按钮，弹出【阵列特征】对话框，将【布局】设置为【线性】，【方向 1】组中的【指定矢量】设置为 Y 轴，【方向 2】组中的【指定矢量】设置为 Z 轴，如图 2-121 所示。

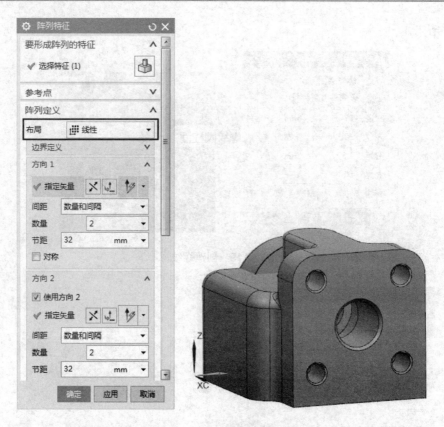

图 2-121　阵列螺纹孔

(2) 创建沉头孔。单击【孔】按钮，弹出【孔】对话框，将【类型】设置为【常规孔】，【指定点】通过单击【选择】工具栏中的【点对话框】按钮，弹出【点】对话框来设置，将【类型】设置为【两点之间】，设置沉头孔中心位置，如图 2-122 所示。

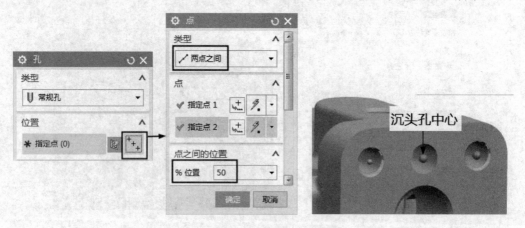

图 2-122　设置孔心位置

将【成形】设置为【沉头】，并设置【尺寸】组中的参数，如图 2-123 所示。

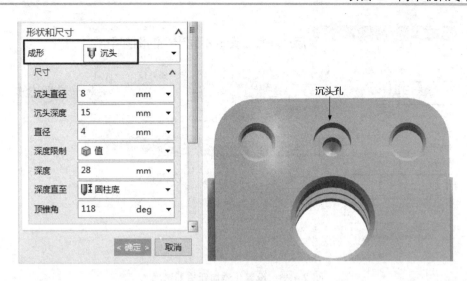

图 2-123　创建沉头孔

创建其余沉头孔特征，需要注意的是与圆柱相交的沉头孔结构有缺陷，如图 2-124 所示。

提示：　有缺陷的原因在于圆柱与方块未进行布尔运算，是独立的特征，沉头孔仅与方块进行【减去】布尔运算，并未与圆柱进行【减去】布尔运算。

经过再次拉伸，对圆柱进行【减去】布尔运算，阀体模型才能完成，如图 2-125 所示。

结构需进一步处理

图 2-124　创建顶部沉头孔

图 2-125　阀体模型完成

【知识点解析】

【倒圆角】命令

(1) 【添加新集】选项。可实现对列表中的多条边线进行不同的圆角半径设置，如图 2-126 所示。

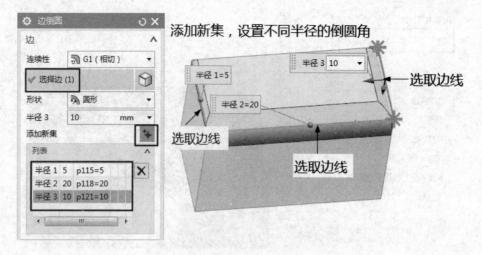

图 2-126　设置【添加新集】选项

(2) 【变半径】组。可对同一条边线上不同位置的点,设置不同的圆角半径,实现一条边线上的变半径倒圆,如图 2-127 所示。

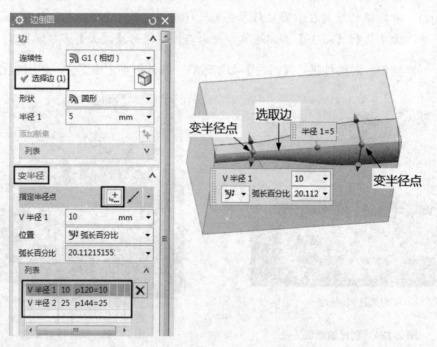

图 2-127　设置【变半径】组

(3) 【拐角倒角】组。该组是针对三条边线聚合的拐角进行圆角设置,如图 2-128 所示。

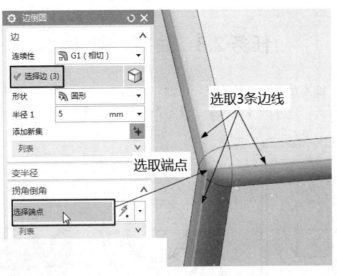

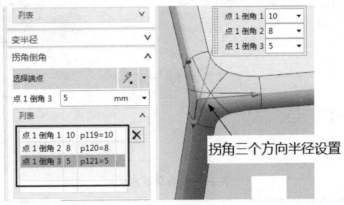

图 2-128　设置【拐角倒角】组

(4)【拐角突然停止】组。可以通过指定点来控制圆角长度，实现一条边线的部分倒角，如图 2-129 所示。

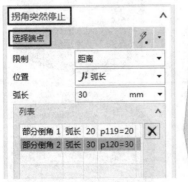
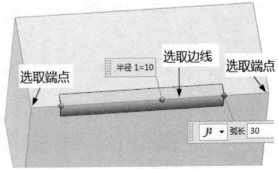

图 2-129　设置【拐角突然停止】组

任务2.8 油 塞 建 模

在溢流阀中，油塞放置在泵体的进、出油口，起到密封、防止漏油的作用，如图2-130所示。通过本次任务，应掌握【拔模】、【基准平面】、【扫掠】等命令的应用。

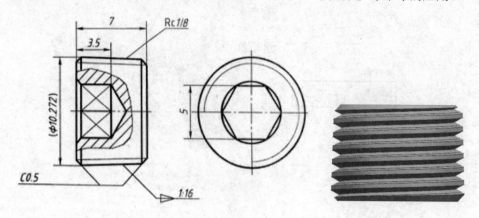

图 2-130 油塞

【方案设计】

油塞建模方案如表2-8所示。

表 2-8 油塞建模方案

序号	结 构	策 略	效 果
1	内腔、倒角	【草图】、【拉伸】、【旋转】、【孔】、【倒斜角】命令	
2	螺纹	【草图】、【基准平面】、【扫掠】命令	

【任务实施】

1. 创建主体外形结构

(1) 创建锥台。单击【在任务环境中绘制草图】按钮 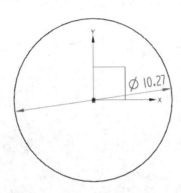，绘制草图，如图 2-131 所示。

图 2-131　绘制草图

单击【拉伸】按钮 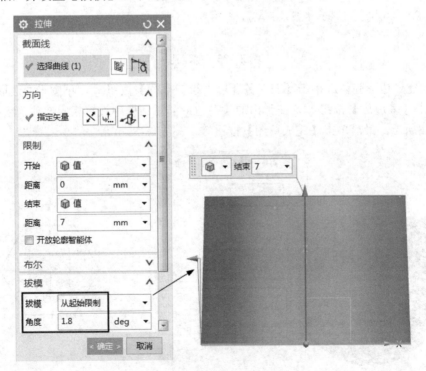，弹出【拉伸】对话框，【截面线】选取草图，【指定矢量】设置为 ZC 轴，并设置【拔模】组中的参数，如图 2-132 所示。

图 2-132　创建拉伸体

提示：锥度 $K = \dfrac{D-d}{h}$，D 为大圆直径，d 为小圆直径，h 为圆台高度。

(2) 创建孔。单击【孔】按钮 🖼，弹出【孔】对话框，【指定点】设置为坐标系原点，并设置其他相关参数，如图 2-133 所示。

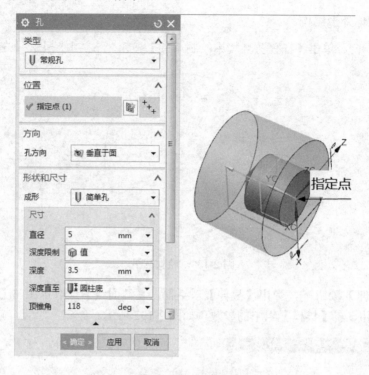

图 2-133　创建孔

(3) 创建六边形腔体。单击【在任务环境中绘制草图】按钮 🖳，草图平面选取 XC-ZC 平面，单击【多边形】按钮 ⊙，在弹出的【多边形】对话框中设置相应选项，绘制草图，如图 2-134 所示，最后单击【完成草图】按钮 🏁。

图 2-134　绘制草图

单击【拉伸】按钮 🖽，弹出【拉伸】对话框，【截面线】选取草图，【指定矢量】设置为 YC 轴，将【布尔】设置为【减去】，如图 2-135 所示，单击【确定】按钮。

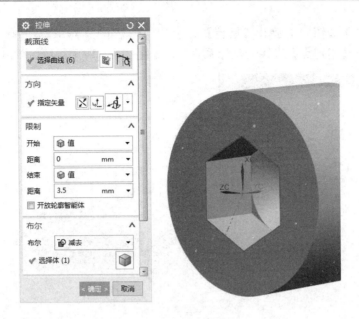

图 2-135　创建拉伸体

（4）倒角。单击【倒斜角】按钮，弹出【倒斜角】对话框，【边】选取外形边线，设置【偏置】组中的参数，如图 2-136 所示。

图 2-136　倒斜角

单击【在任务环境中绘制草图】按钮，草图平面选取 XC-ZC 平面，绘制草图，如图 2-137 所示。最后单击【完成草图】按钮。

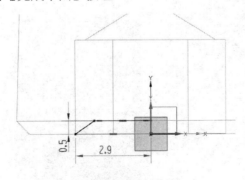

图 2-137　绘制草图

提示：尺寸 2.9 为六边形外接圆半径。

单击【旋转】按钮 ，弹出【旋转】对话框，【截面线】选取草图曲线，【指定矢量】设置为 YC 轴，【指定点】设置为坐标系原点，如图 2-138 所示，最后单击【确定】按钮。

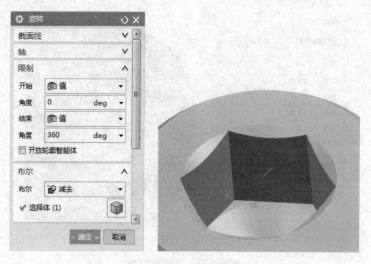

图 2-138　创建旋转体

2. 创建外螺纹特征

(1) 创建螺旋线。单击【螺旋线】按钮，弹出【螺旋线】对话框，【指定 CSYS】设置为底面圆心，直径【规律类型】设置为【线性】，螺距【规律类型】设置为【恒定】，如图 2-139 所示。

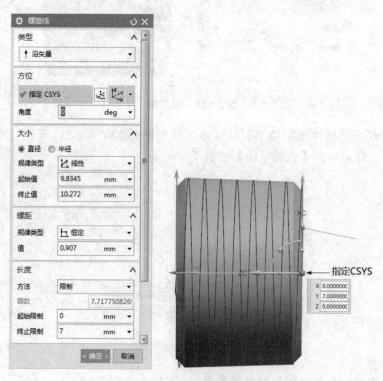

图 2-139　创建螺旋线

为保证螺纹收尾结构完整，需延长螺旋曲线。单击【编辑曲线】工具栏中的【曲线长度】按钮 $\curvearrowleft$，选取曲线进行延伸，如图 2-140 所示。

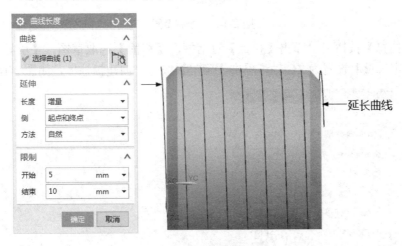

图 2-140　编辑曲线长度

提示：　此处利用【曲线长度】命令来修改螺旋线长度，比【螺旋线】命令中的【长度】选项更方便，因为使用后者延长曲线时，还需重新计算螺距的线性变化尺寸。

单击【基准平面】按钮 $\square$，在【要定义平面的对象】组中选取螺旋线端点，创建基准平面，如图 2-141 所示。

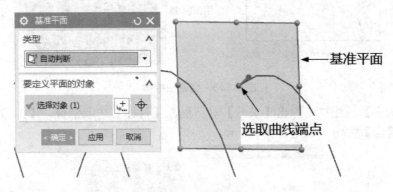

图 2-141　创建基准平面

(2) 绘制草图。单击【在任务环境中绘制草图】按钮 $\square$，【指定 CSYS】选取基准平面，绘制草图，如图 2-142 所示。

提示：　草图高度需高于圆锥外形线，以便后续进行布尔运算。

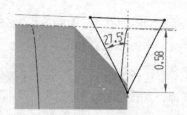

图 2-142　绘制草图

单击【扫掠】按钮 ，弹出【扫掠】对话框，【截面】选取草图，【引导线】选取螺旋线，【指定矢量】设置为 ZC 轴，单击【确定】按钮，创建扫掠体，如图 2-143 所示。

图 2-143　创建扫掠体

单击【减去】按钮 ，弹出【求差】对话框，【目标】选取锥台，【工具】选取扫掠体，单击【确定】按钮，如图 2-144 所示。

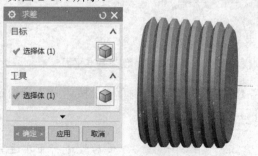

图 2-144　创建布尔运算

【知识点解析】

1. 【拉伸】命令中的【拔模】选项

该选项可对一个模型上的一组或多组面应用斜率(从指定的固定对象开始)，也就是可使拉伸几何体的侧面发生倾斜。

(1) 当【拔模】设置为【从起始限制】时，系统将以拉伸开始距离处为基准，产生拔模角度，如图 2-145 所示。

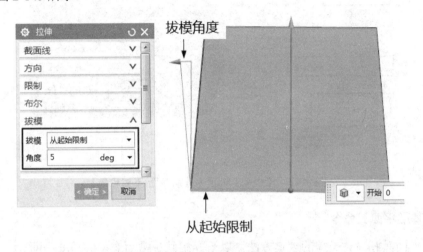

图 2-145　【拔模】设置为【从起始限制】

(2) 【拔模】设置为【从截面】，【角度选项】设置为【多个】，则以拉伸截面所在的位置为基准，对 4 个侧面都可设置不同的拔模角度，如图 2-146 所示。

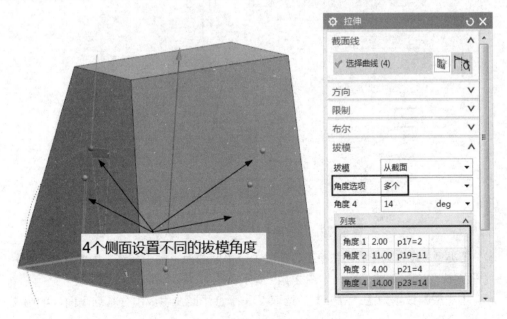

图 2-146　【拔模】设置为【从截面】

（3）【拔模】设置为【从截面-不对称角】。这种类型针对双向拉伸才有效，如图 2-147 所示。

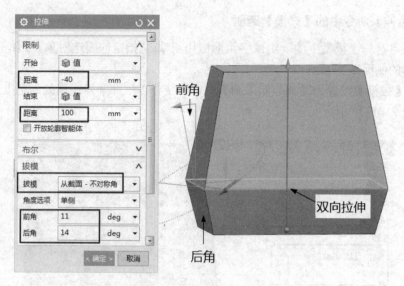

图 2-147　【拔模】设置为【从截面-不对称角】

2.【基准平面】命令

基准平面具有多种类型的创建方法，以下介绍几种常用类型的基准平面。

（1）【类型】设置为【按某一距离】。【平面参考】选取某个平面，可自动生成与参考平面平行，且可设定偏置距离的基准平面，如图 2-148 所示。

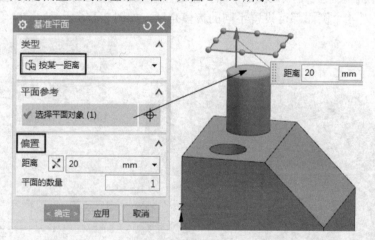

图 2-148　【类型】设置为【按某一距离】

（2）【类型】设置为【成一角度】。选取 1 个平面和面上的 1 条线，生成以线为旋转轴、与参考平面成角度的基准平面，如图 2-149 所示。

（3）【类型】设置为【二等分】。选取 2 个平行平面，生成中分基准平面，如图 2-150 所示。

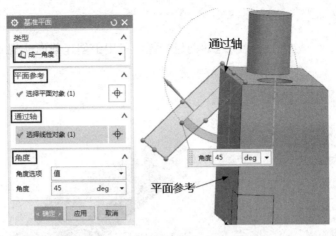

图 2-149　【类型】设置为【成一角度】

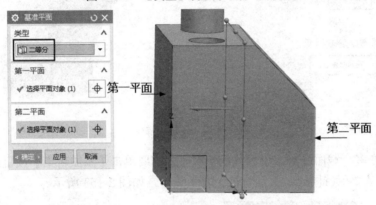

图 2-150　【类型】设置为【二等分】

(4)【类型】设置为【曲线上】。选取 1 条曲线，可生成在曲线指定位置并垂直于曲线的基准平面，如图 2-151 所示。

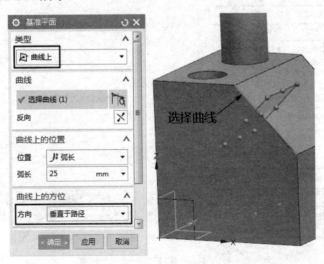

图 2-151　【类型】设置为【曲线上】

3.【扫掠】命令

该命令能将二维截面沿引导线运动创建特征，可用于创建截面非规则的几何形状，如图 2-152 所示。

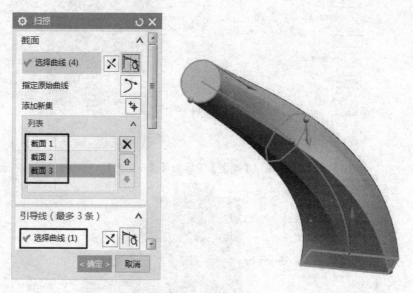

图 2-152　创建扫掠体

(1) 在存在多个截面或多个引导线的情况下，需要单击【添加新集】按钮。同时截面线的箭头方向确认要保持同向，否则特征会发生变形，如图 2-153 所示。

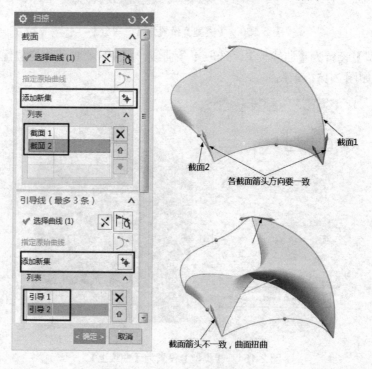

图 2-153　设置【添加新集】选项

(2) 当【截面位置】设置为【引导线末端】时，会从截面所在位置开始，沿引导线全长进行扫掠，如图 2-154 所示。

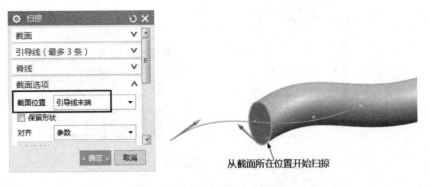

图 2-154   【截面位置】设置为【引导线末端】

(3) 当对【插值】进行不同设置时，所创建的扫掠效果如图 2-155 所示。

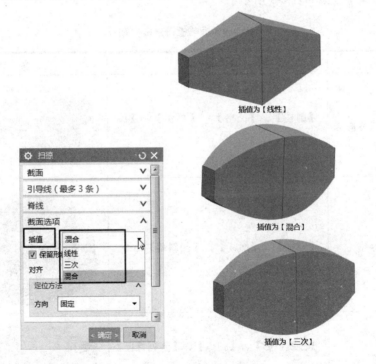

图 2-155   设置【插值】选项

任务 2.9   调节螺母建模

在溢流阀中，调节螺母装配在螺盖的螺纹轴上，端面与调节杆接触，调节螺母的位置决定了对弹簧的压力，起到定压的作用，如图 2-156 所示。通过本次任务，掌握【凸台】、【曲线投影】、【扫掠】等命令的应用。

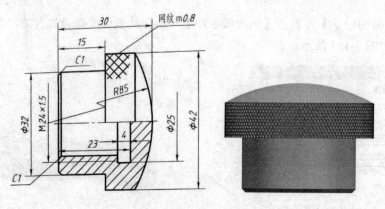

图 2-156　调节螺母

【方案设计】

调节螺母建模方案如表 2-9 所示。

表 2-9　调节螺母建模方案

序号	结　构	策　略	效　果
1	主体外形	【圆柱】、【凸台】、【草图】、【旋转】命令	
2	内腔	【圆柱】、【螺纹】、【倒斜角】命令	
3	滚花	【曲线投影】、【扫掠】、【阵列特征】命令	

【任务实施】

1. 创建主体外形

(1) 创建圆柱。单击【圆柱体】按钮 ，在弹出的【圆柱】对话框中设置相关选项，如图 2-157 所示。

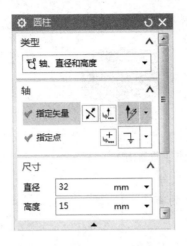

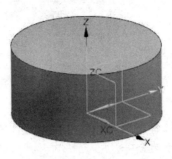

图 2-157　创建圆柱

(2) 创建凸台。单击【凸台】按钮 ，弹出【支管】对话框，设置凸台尺寸，凸台放置面指定为圆柱顶面，单击【确定】按钮，如图 2-158 所示。

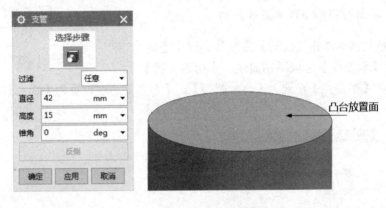

图 2-158　凸台尺寸设置

提示：先选取凸台放置面，才能单击【确定】按钮。

【定位】方式指定为【点落在点上】，选取下方的小圆柱边线，单击【圆弧中心】按钮，凸台中心自动与圆柱中心重合，如图 2-159 所示。

图 2-159　【定位】设置

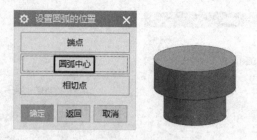

图 2-159　【定位】设置(续)

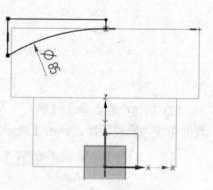

提示：　系统自动默认凸台特征与目标体的布尔
　　　　关系为合并。

(3) 绘制草图。单击【在任务环境中绘制草图】按
钮，草图平面指定为 XC-ZC 平面，绘制草图，如
图 2-160 所示。单击【完成草图】按钮。

提示：　草图的圆弧与顶部直线相切。

(4) 创建旋转体。单击【旋转】按钮，弹出【旋
转】对话框，【截面线】选取草图曲线，【指定矢量】

图 2-160　绘制草图

设置为 ZC 轴，【指定点】设置为【凸台圆心】，【布尔】选项设置为【减去】，如图 2-161
所示。

图 2-161　创建旋转体

2. 创建内腔

(1) 创建圆柱。单击【圆柱体】按钮![]，弹出【圆柱】对话框，将【指定矢量】设置为 ZC 轴，【指定点】设置为坐标系原点，【布尔】设置为【减去】，如图 2-162 所示。

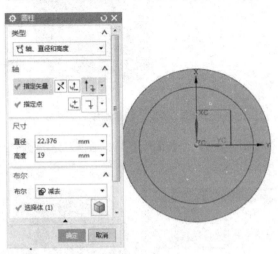

图 2-162   创建圆柱

👉 **提示：** 螺纹标注为 M24*1.5，M24 代表牙底径，查表可得，牙顶径为 22.376。

(2) 创建螺纹退刀槽。单击【圆柱体】按钮![]，弹出【圆柱】对话框，将【指定矢量】设置为 ZC 轴，【指定点】设置为圆弧圆心，并设置其他相关选项，单击【确定】按钮，如图 2-163 所示。

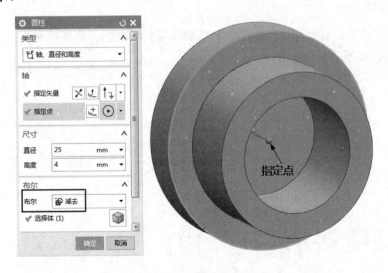

图 2-163   创建螺纹退刀槽

(3) 单击【螺纹】按钮，弹出【螺纹切削】对话框，选择螺纹圆柱面，单击【确定】按钮，如图 2-164 所示。

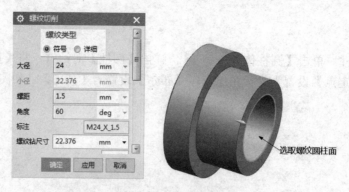

图 2-164　创建螺纹

(4) 单击【倒斜角】按钮，弹出【倒斜角】对话框，选择圆弧边线，设置【偏置】组中的参数，如图 2-165 所示。

图 2-165　倒斜角

3. 创建滚花

(1) 创建引导线。单击【在任务环境中绘制草图】按钮，草图平面指定为 XC-ZC 平面，绘制草图，如图 2-166 所示。

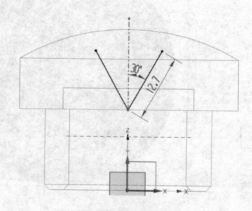

图 2-166　绘制草图

单击【投影曲线】按钮，弹出【投影曲线】对话框，在【要投影的曲线或点】组中选取直线，在【要投影的对象】组中选取圆柱体侧面，将【投影方向】组中的【方向】设

置为【沿矢量】，如图 2-167 所示。

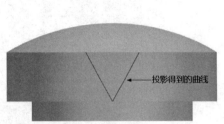

图 2-167　投影曲线

提示： 选取圆柱面时，【选择】工具栏应设置为【单个面】。

(2) 绘制截面。单击【在任务环境中绘制草图】按钮，【指定 CSYS】设置为凸台端面，绘制草图，如图 2-168 所示。

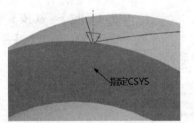
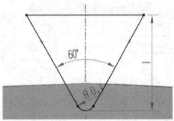

图 2-168　绘制草图

提示： 滚花为非标准特征，截面尺寸可自定义。

(3) 创建扫掠体。单击【扫掠】按钮，弹出【扫掠】对话框，【截面】选取草图，【引导线】选取投影曲线，如图 2-169 所示。

图 2-169　创建扫掠体

(4) 创建滚花槽。单击【减去】按钮 ，【目标】选取圆柱体，【工具】选取扫掠体，如图 2-170 所示。

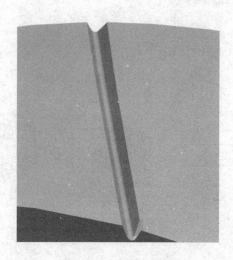

图 2-170　创建滚花槽

(5) 阵列滚花槽。单击【阵列特征】按钮，弹出【阵列特征】对话框，在【要形成阵列的特征】组中选取【扫掠】和【减去】两个特征，设置相关选项，如图 2-171 所示。

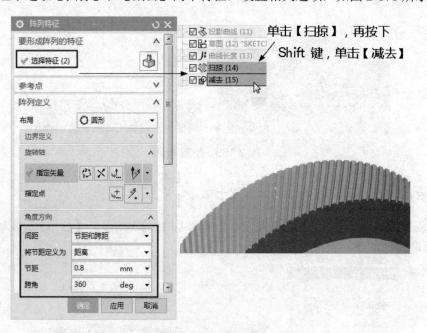

图 2-171　阵列滚花槽

📌 **提示：** 根据零件图尺寸标注，滚花间隔为 0.8mm。

用同样的方法创建另一个方向的滚花特征，最终完成滚花特征，如图 2-172 所示。

图 2-172 滚花完成

【知识点解析】

【投影曲线】命令

该命令能根据指定方向将曲线投影到曲面或平面上。

(1) 当【方向】设置为【沿面的法向】时，投影效果如图 2-173 所示。

图 2-173 【方向】设置为【沿面的法向】

当【方向】设置为【沿矢量】时，投影效果如图 2-174 所示。

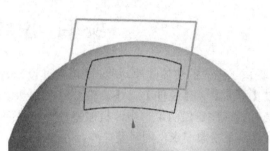

图 2-174 【方向】设置为【沿矢量】

(2) 【创建曲线以桥接缝隙】复选框决定了当投影到的曲面存在缝隙时，对投影曲线的处理，如图 2-175 所示。

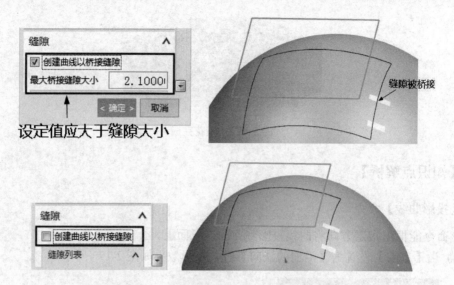

图 2-175　【创建曲线以桥接缝隙】复选框设置

项 目 小 结

　　UG 提供了强大的实体建模功能，既可通过设计特征如圆柱、长方体、圆锥等直接建模，也可通过【草图】、【拉伸】、【旋转】等命令创建模型。读懂零件工程图，分析其结构特点，是机械零件建模的第一步，机械零件一般曲面结构少，利用实体建模常用的简单命令基本可以满足建模需求，同时要兼顾尺寸要求。

课 后 习 题

一、判断题

1. 使用【修剪体】命令时，工具面不必完全穿过被修剪的目标体。　　　　　（　　）

2. 【孔】命令中的【终止倒斜角】选项只有当【深度限制】选项设置为【贯通体】时才有效。　　　　　　　　　　　　　　　　　　　　　　　　　　　　　　（　　）

3. "Rc1/8" 是 1/8 英寸、45 度密封管螺纹的尺寸代号。　　　　　　　　（　　）

4. 【扫掠】命令中截面线的箭头方向不一致将不会影响曲面形状。　　　　（　　）

5. 【阵列面】命令既可以阵列实体特征表面，也可以阵列独立的片体。　　（　　）

6. 圆形阵列时，数量设置为 10，则节距角为 36°。　　　　　　　　　　（　　）

7. 【阵列面】命令的最大意义在于，它可以阵列无参数模型。　　　　　　（　　）

8. 【拉伸】命令中的【拔模】选项设置为【从截面-不对称角】，这种类型针对双向拉伸才有效。　　　　　　　　　　　　　　　　　　　　　　　　　　　　（　　）

9. 【创建草图】对话框中的【指定 CSYS】选项需要选取一个坐标系平面，不能选择实体表面。　　　　　　　　　　　　　　　　　　　　　　　　　　　　（　　）

10. 布尔运算包含【相加】、【合并】、【减去】、【相交】四个选项。 （　　）

二、技能训练题

根据图 2-176～图 2-181 的尺寸结构要求，完成三维实体建模。

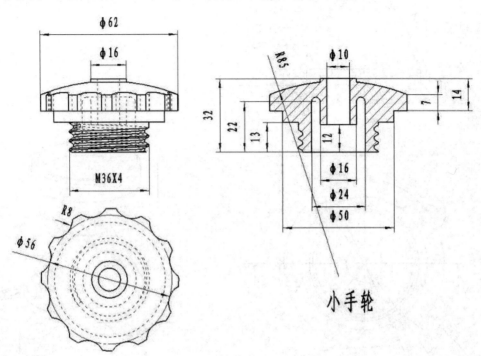

图 2-176　小手轮

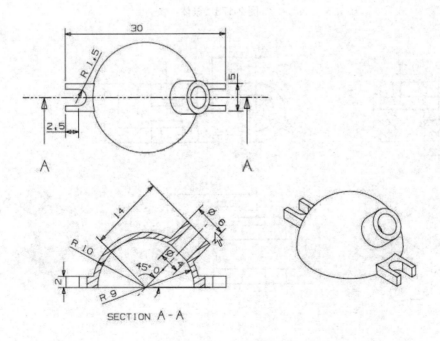

图 2-177　半球壳体

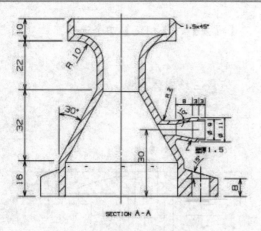

技术要求
1. 均匀壁厚3

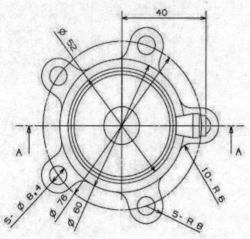

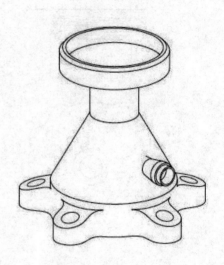

图 2-178　泵体

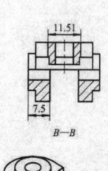

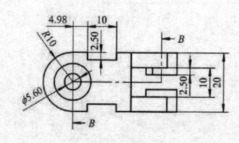

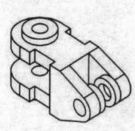

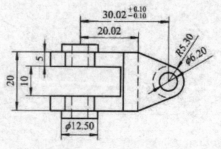

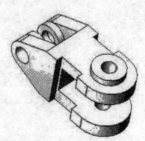

图 2-179　双向连接头

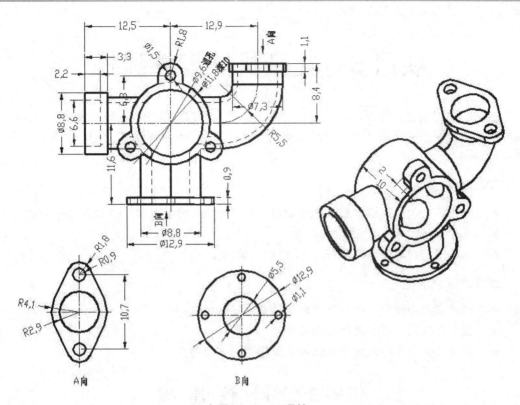

图 2-180　三通管

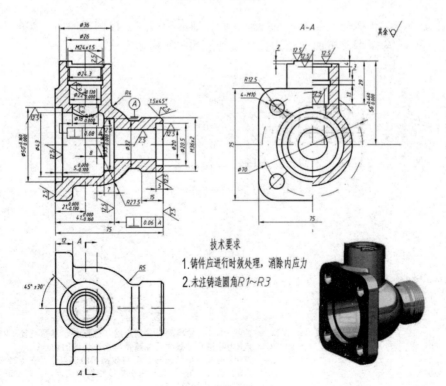

技术要求

1. 铸件应进行时效处理，消除内应力

2. 未注铸造圆角R1~R3

图 2-181　阀体

项目3 复杂机械零件建模

通常曲面建模比实体建模难度更大，原因在于曲面构造线的创建较为复杂，曲面构造线的质量决定了曲面质量。本项目将以正向设计和逆向设计两种方式介绍较为复杂的零件建模。

知识要点

- 机械零件曲面建模常用命令如扫掠、网格曲面、修剪片体、桥接曲线等的含义。
- 基于表达式的参数化建模。
- 基于点云的逆向建模流程。

技能目标

- 能分析曲面结构，制订从线到面的曲面建模方案。
- 能创建空间曲线、优化曲面质量。
- 能基于点云重构曲线并保证与原版模型的重合精度。

任务 3.1 叶 轮 建 模

叶轮是典型的机械曲面零件，首先需要创建曲面构造线，再构建曲面，如图 3-1 所示。通过本次任务，应掌握分析曲面结构、从线到面的曲面构建方法。

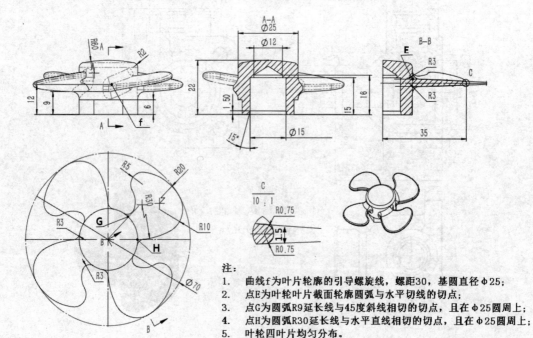

注:
1. 曲线 f 为叶片轮廓的引导螺旋线，螺距30，基圆直径 φ25；
2. 点 E 为叶轮叶片截面轮廓圆弧与水平切线的切点；
3. 点 G 为圆弧 R9 延长线与45度斜线相切的切点，且在 φ25 圆周上；
4. 点 H 为圆弧 R30 延长线与水平直线相切的切点，且在 φ25 圆周上；
5. 叶轮四叶片均匀分布。

图 3-1 叶轮

【方案设计】

叶轮建模方案如表 3-1 所示。

表 3-1　叶轮建模方案

序号	结　构	策　略	效　果
1	曲面构造线	【螺旋线】、【草图】命令	
2	叶片体	【扫掠】、【拉伸】命令	
3	叶片倒圆角	【阵列特征】、【边倒圆】命令	

【任务实施】

1. 构建曲面构造线

(1) 创建螺旋线。单击【螺旋线】按钮，在弹出的【螺旋线】对话框中设置相关参数，创建第 1 条螺旋线，如图 3-2 所示。

☞ 提示：　查看零件图中对曲线 f 的注释。

根据零件图所示，第 2 条螺旋线与第 1 条螺旋线在 ZC 轴方向上高度差为 3，如图 3-3 所示。

(2) 绘制草图。单击【在任务环境中绘制草图】按钮，草图平面选取 XC-ZC 平面，单击【确定】按钮，绘制草图，如图 3-4 所示。

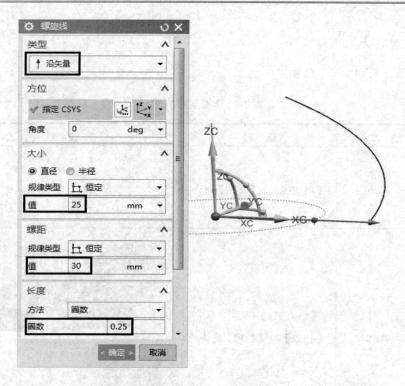

图 3-2　创建第 1 条螺旋线

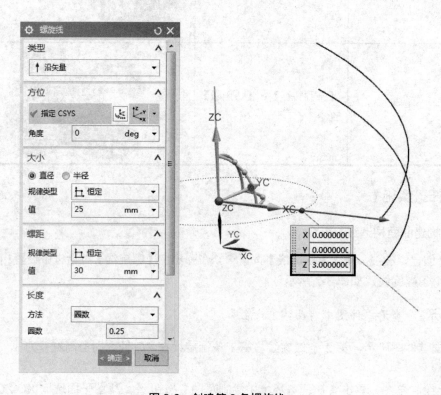

图 3-3　创建第 2 条螺旋线

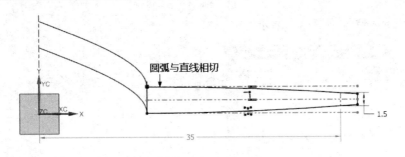

图 3-4 绘制草图

提示： 草图中的圆弧无半径参数，可根据相切条件及圆弧端点位置绘制圆弧。

2. 创建叶片

(1) 创建扫掠体。单击【扫掠】按钮 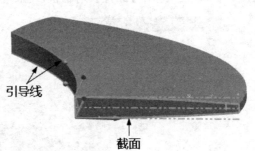，弹出【扫掠】对话框，【截面】选取草图，【引导线】选取螺旋线，如图 3-5 所示。

图 3-5 创建扫掠体

提示： 在选取第 1 条引导线后，需单击【添加新集】按钮 ，再选择第 2 条引导线。

(2) 绘制草图。单击【在任务环境中绘制草图】按钮 ，草图平面选取 XC-YC 平面，单击【确定】按钮，绘制草图，如图 3-6 所示。

(3) 创建拉伸体。单击【拉伸】按钮 ，弹出【拉伸】对话框，【截面线】选取草图曲线，【布

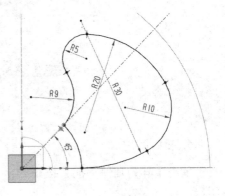

图 3-6 绘制草图

尔】设置为【相交】，如图 3-7 所示。

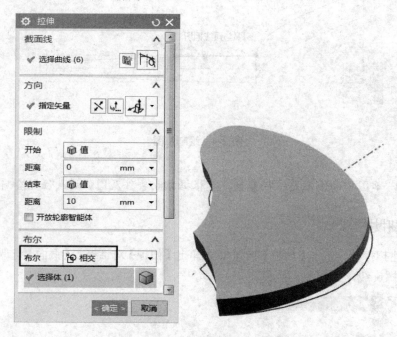

图 3-7　创建拉伸体

3. 创建圆柱体

单击【圆柱】按钮，弹出【圆柱】对话框，创建圆柱体，如图 3-8 所示。

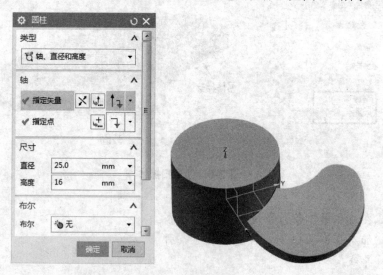

图 3-8　创建圆柱体

4. 复制叶片

单击【阵列几何特征】按钮 ，弹出【阵列几何特征】对话框，复制叶片，如图 3-9 所示。

图 3-9　阵列叶片

单击布尔运算【合并】按钮，将叶片与圆柱合并为一体。再单击【边倒圆】按钮，在弹出的【边倒圆】对话框中，将【形状】设置为【圆形】，选取叶片与圆柱的边线倒圆角，如图 3-10、图 3-11 所示，模型完成。

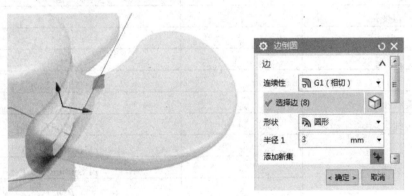

图 3-10　叶片根部边倒圆

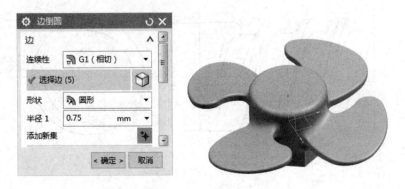

图 3-11　叶片轮廓边倒圆

任务 3.2 双头蜗杆

蜗轮蜗杆传动，常用来传递两交错轴的运动和动力，并且可以得到很大的传动比，如图 3-12 所示。蜗杆与螺杆形状相似，需要构建螺旋线，如图 3-13、表 3-2 所示。通过本次任务，应掌握基于参数表达式的参数化建模方法。

图 3-12 蜗轮蜗杆传动

表 3-2 蜗杆参数表

名 称	变 量	值
自变量	t	0
头数	n	2
角度	angle	$t*360$
螺距	p	$45+0.0002*angle$
螺旋线小端半径	$r2$	30.56
螺旋线大端半径	$r1$	$r2*[1+t*(r1/r2-1)]$
螺旋线公式	x	$r1*cos(angle*n)$
	y	$r1*sin(angle*n)$
	z	$P*n*t$

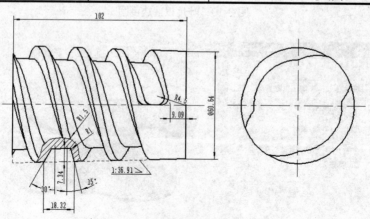

图 3-13 蜗杆

【方案设计】

蜗杆建模方案如表 3-3 所示。

表 3-3　蜗杆建模方案

序号	结　构	策　略	效　果
1	主体外形	【旋转】命令	
2	螺旋线	【表达式】、【规律曲线】命令	
3	螺旋体	【扫掠】、【阵列几何特征】命令	
4	蜗杆	【布尔运算】命令	

【任务实施】

1. 创建主体外形

(1) 绘制草图。单击【在任务环境中绘制草图】按钮，系统默认草图平面为 XC-YC 平面，绘制草图，如图 3-14 所示。

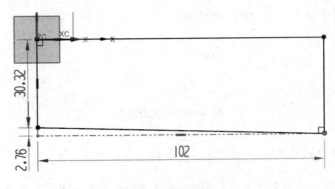

图 3-14　绘制草图

提示： 零件图标注"1:36.91∠"，根据斜度 $\angle = \operatorname{tg}\alpha = \dfrac{H}{L}$，可计算蜗杆大端直径。

(2) 创建旋转体。单击【旋转】按钮，弹出【旋转】对话框，【截面线】选取草图曲线，【指定矢量】设置为 ZC 轴，如图 3-15 所示，设置完成后单击【确定】按钮。

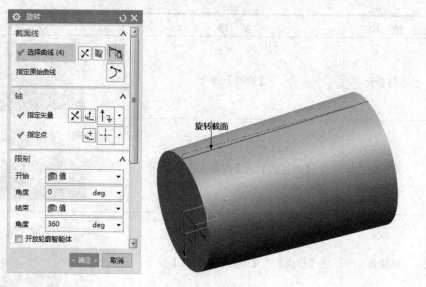

图 3-15　创建旋转体

2. 创建螺旋线

(1) 创建表达式。选择【工具】菜单中的【表达式】命令，根据蜗杆参数表，输入表达式，具体如图 3-16 所示。

表达式创建顺序			
xt	r1*cos(a*n)		30.5663
yt	r1*sin(a*n)		0
zt	P*n*t		0
r2	30.5663		30.5663
r1	r2*(1+t*(33.0835/30.5663-1))		30.5663
p	45+0.0002*a		45
n	2		2
a	t*360		0
t	0		0

图 3-16　创建表达式

提示： 必须按照从已知变量到未知变量的顺序创建表达式。

(2) 创建螺旋线。单击【曲线】工具栏中的【规律曲线】按钮，在弹出的【规律曲线】

对话框中设置相关参数，创建螺旋线，如图 3-17 所示。

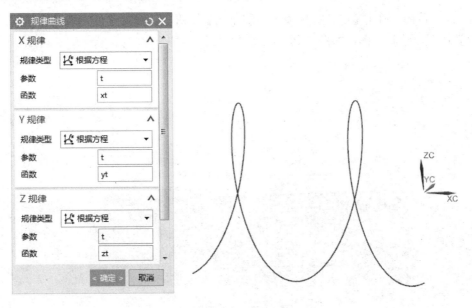

图 3-17　创建螺旋线

👉 **提示：**　【参数】文本框中的 t 是系统自带的取值范围为 0~1 的自变量，【函数】文本框的变量名 xt、yt、zt 必须与表达式中的变量名保持一致。

单击【基准平面】按钮⬜，弹出【基准平面】对话框，【类型】设置为【曲线和点】，【指定点】选取螺旋线端点，【选择平面对象】选取 X-Z 平面，如图 3-18 所示。

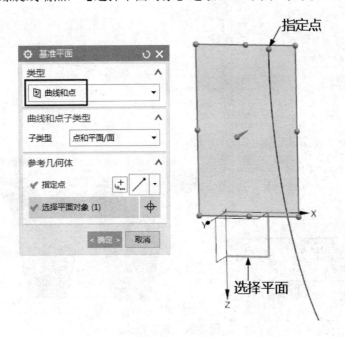

图 3-18　基准平面

3. 创建螺旋体

(1) 绘制草图。单击【在任务环境中绘制草图】按钮，草图平面选取基准平面，单击【确定】按钮，绘制草图，如图 3-19 所示。

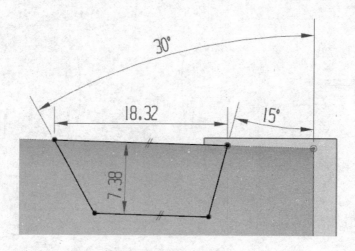

图 3-19　绘制草图

(2) 创建扫掠。单击【扫掠】按钮，弹出【扫掠】对话框，【截面】选取草图曲线，【引导线】选取螺旋线，【定位方法】组中的【方向】设置为【矢量方向】，如图 3-20 所示。

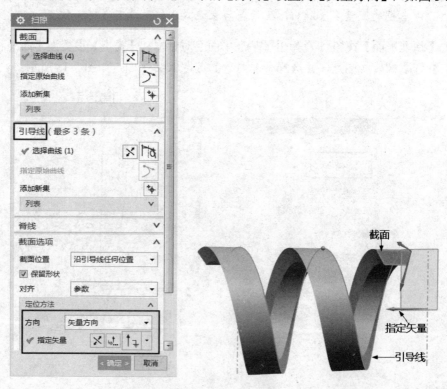

图 3-20　创建扫掠

(3) 阵列扫掠体。单击【阵列几何特征】按钮❀，弹出【阵列几何特征】对话框，在【要形成阵列的几何特征】组中选取扫掠体，【布局】设置为【圆形】，再设置其他相关参数，复制得到第 2 个扫掠体，如图 3-21 所示。

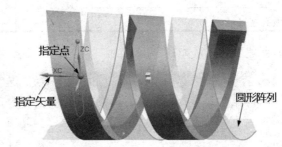

图 3-21　阵列扫掠体

(4) 创建螺旋槽。单击布尔运算【减去】按钮🗗，弹出【求差】对话框，【目标】选取旋转体，【工具】选取 2 个螺旋体，完成后单击【确定】按钮，双头蜗杆即创建完成，如图 3-22 所示。

图 3-22　创建布尔运算

【知识点解析】

表达式

UG 的表达式是一个功能强大的工具，可以很方便地将尺寸关联起来以实现参数化或系列化设计。下面以创建六角螺母系列来说明基于表达式的部件系列化设计。表 3-4 为螺纹系列尺寸标准，首先创建 M5×0.8 螺母。

表 3-4 螺纹系列尺寸标准

规 格		M5X0.8	M6X1	M8X1.25	M10X1.5	M12X1.75
标 准		GB52-76				
对边 S	max	8	10	14	17	19
	min	7.8	9.8	13.76	16.76	18.72
厚度 m	max	4	5	6	8	10
	min	3.76	4.76	5.76	7.61	9.71
对角 e	max	9.2	11.5	16.2	19.6	21.9
	min					
螺纹孔径 d		5	6	8	10	12

(1) 创建表达式，如图 3-23 所示。

	↑ 名称	公式	值	单位
1	d	5	5	mm
2	e	9.2	9.2	mm
3	m	4	4	mm
4	s	8	8	mm

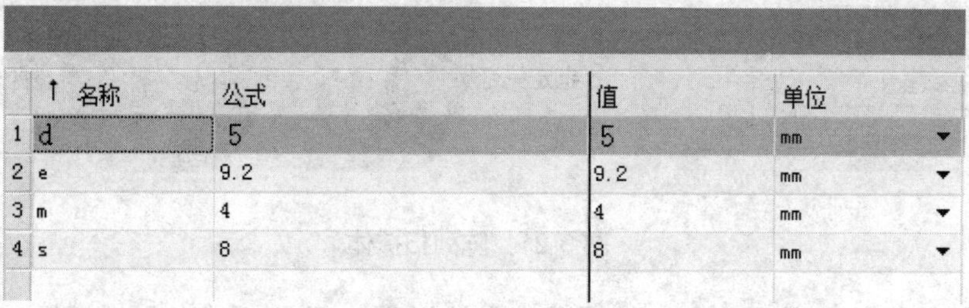

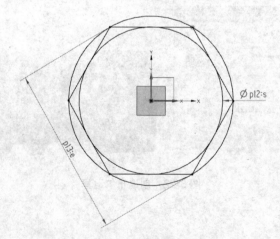

图 3-23 创建表达式

(2) 绘制草图，草图尺寸引用表达式，如图 3-24 所示。

图 3-24 绘制草图

(3) ①创建拉伸体。单击【拉伸】按钮，弹出【拉伸】对话框，拉伸直径为 e 的大圆，拉伸距离为 m，如图 3-25 所示。

② 创建倒斜角。单击【倒斜角】按钮，弹出【倒斜角】对话框，将【距离】设置为 e/2-s/2，

如图 3-26 所示。

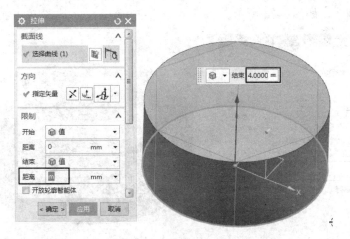

图 3-25　创建拉伸体

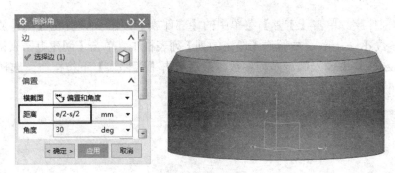

图 3-26　创建倒斜角

(4) 拉伸六边形。单击【拉伸】按钮，在弹出的【拉伸】对话框中，设置拉伸距离为 mm，【布尔】设置为【相交】，如图 3-27 所示。

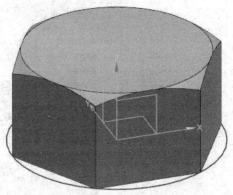

图 3-27　拉伸六边形

(5) 创建螺纹孔。单击【孔】按钮，弹出【孔】对话框，将【直径】设置为 d，完成螺母后续特征的创建，如图 3-28 所示。

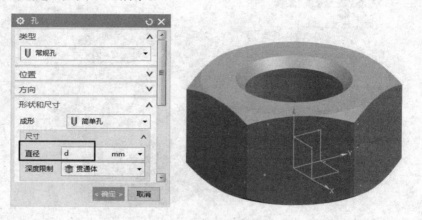

图 3-28　创建螺纹孔

(6) 创建部件族。单击【工具】菜单中的【部件族】按钮，弹出【部件族】对话框，将螺母主要参数 d、e、m、s 放置进【选定的列】列表框中，单击【创建电子表格】按钮，在弹出的 Excel 表格中输入螺母系列参数，最后单击【部件族】下拉按钮，选择【保存族】命令即可，如图 3-29 所示。

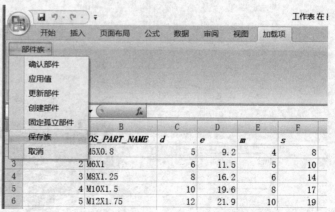

		B	C	D	E	F
		OS_PART_NAME	d	e	m	s
	1	M5X0.8	5	9.2	4	8
3	2	M6X1	6	11.5	5	10
4	3	M8X1.25	8	16.2	6	14
5	4	M10X1.5	10	19.6	8	17
6	5	M12X1.75	12	21.9	10	19

图 3-29　创建部件族

（7）调用部件族零件。关闭螺母模型，新建一个模型文件，单击【装配】工具栏中的【添加组件】按钮，在弹出的【添加组件】对话框中选择"螺母"零件，如图 3-30 所示。

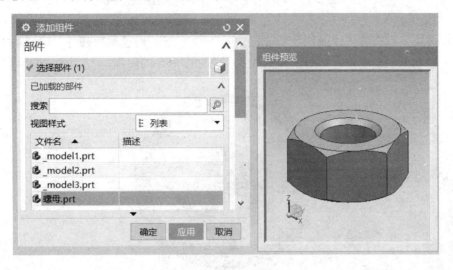

图 3-30　添加螺母零件

双击【添加组件】对话框中的【螺母.prt】选项，弹出【选择族成员】对话框，可在【匹配成员】列表框中选取不同规格的螺母，如图 3-31 所示。

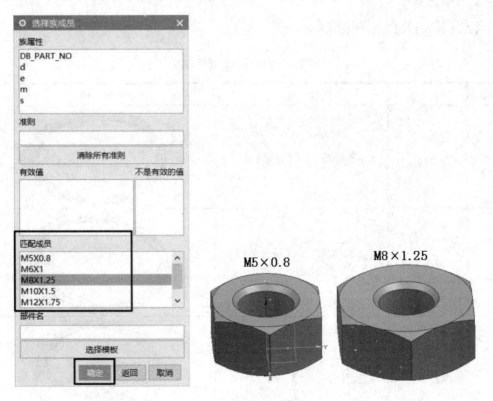

图 3-31　选取部件族成员

任务 3.3　汽车方向盘建模

汽车方向盘具有整体曲面形状特征，如图 3-32 所示，通过本次任务，理解从点到线、从线到面的曲面创建思路，掌握桥接曲线、网格曲面命令的应用。

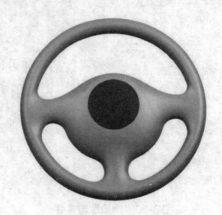

图 3-32　方向盘

【方案设计】

汽车方向盘建模方案如表 3-5 所示。

表 3-5　汽车方向盘建模方案

序号	结　构	策　略	效　果
1	圆环	【偏置曲线】、【管道】命令	
2	曲面构造线	【截面曲线】、【桥接曲线】命令	
3	网格曲面	【通过网格曲面】命令	

【任务实施】

1. 创建外圈圆环

(1) 偏置曲线。单击【打开】按钮 📂，打开"方向盘"曲线源文件，如图 3-33 所示。

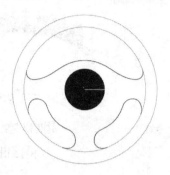

图 3-33　打开"方向盘"曲线源文件

单击【偏置曲线】按钮 📖，弹出【偏置曲线】对话框，选择最大外圆向内偏置，如图 3-34 所示。

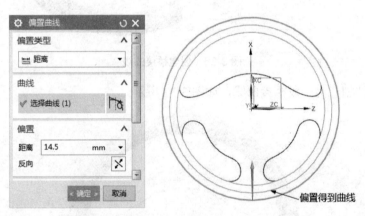

图 3-34　偏置曲线

(2) 创建圆环。单击【管道】按钮 🔩，弹出【管】对话框，【路径】选择偏置曲线，如图 3-35 所示。

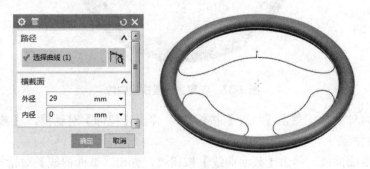

图 3-35　创建圆环

2. 创建网格曲面 1 的构造线

(1) 创建桥接曲线。单击【桥接曲线】按钮，弹出【桥接曲线】对话框，在【起始对象】和【终止对象】组中分别选取相应曲线，具体如图 3-36 所示。

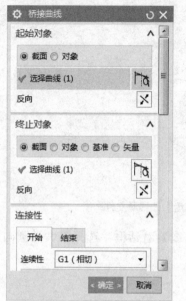

图 3-36　创建桥接曲线

以相同方法创建另一段桥接曲线，如图 3-37 所示。

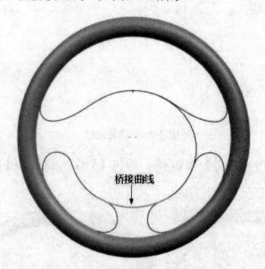

图 3-37　创建另一段桥接曲线

(2) 创建拉伸片体。单击【拉伸】按钮，弹出【拉伸】对话框，【截面线】选取曲线，如图 3-38 所示。

(3) 创建截面曲线。单击【截面曲线】按钮，弹出【截面曲线】对话框，将【类型】设置为【选定的平面】，在【要剖切的对象】组中选择拉伸片体，【剖切平面】选取基准

坐标系的 Y-X 平面，如图 3-39 所示。

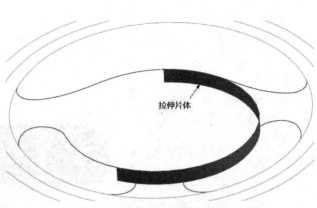

图 3-38　创建拉伸片体

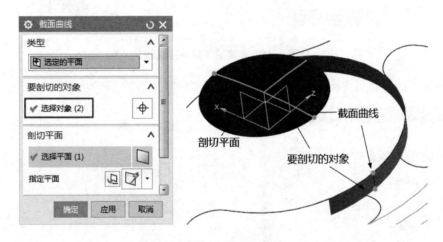

图 3-39　创建截面曲线

以 Y-Z 平面为剖切平面，创建另一个方向的截面曲线，如图 3-40 所示。

图 3-40　创建第 2 段截面曲线

(4) 创建 3 段桥接曲线。单击【桥接曲线】按钮，弹出【桥接曲线】对话框，在【起始对象】和【终止对象】组中选择截面曲线，创建第 1 段桥接曲线，如图 3-41 所示。

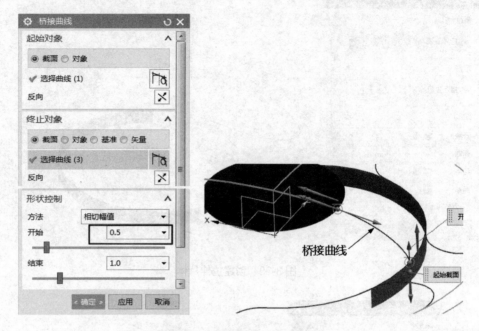

图 3-41　创建第 1 段桥接曲线

以相同方法创建第 2 段桥接曲线，如图 3-42 所示。

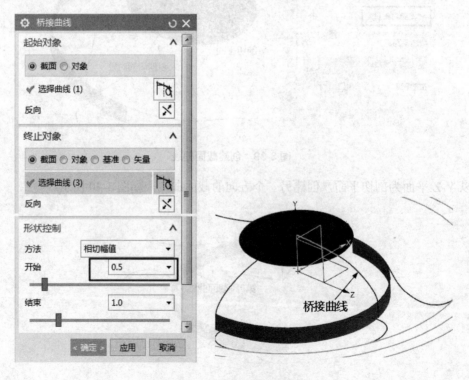

图 3-42　创建第 2 段桥接曲线

以相同方法创建第 3 段桥接曲线，如图 3-43 所示。

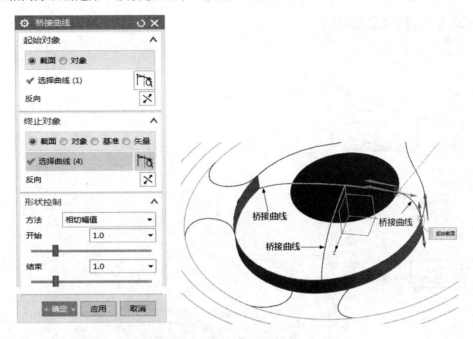

图 3-43　创建第 3 段桥接曲线

3. 创建网格曲面 1

（1）创建片体。 单击【拉伸】按钮，弹出【拉伸】对话框，【截面线】选取两段桥接曲线，如图 3-44 所示。

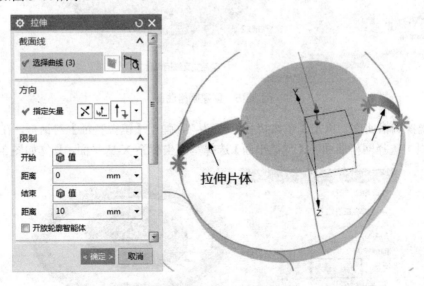

图 3-44　创建拉伸片体

（2）创建网格曲面。单击【通过曲线网格】按钮，弹出【通过曲线网格】对话框，设置【主曲线】、【交叉曲线】、【连续性】组中的参数，具体如图 3-45 所示。

提示： 选择主曲线或交叉曲线，必须单击【添加新集】按钮 ⁺。

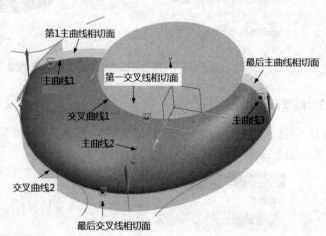

图 3-45　创建网格曲面

（3）镜像网格曲面。单击【镜像特征】按钮 ⁂，弹出【镜像特征】对话框，在【要镜像的特征】组中选择网格曲面，【镜像平面】选择基准坐标系 X-Y 平面，具体如图 3-46 所示。

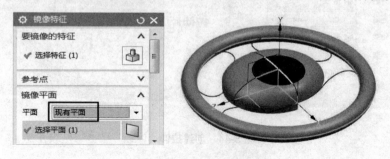

图 3-46　镜像网格曲面

4. 创建网格曲面 2 的构造线

(1) 抽取特征面。单击【特征】工具栏中的【抽取几何特征】按钮 ，弹出【抽取几何特征】对话框，【面】选择圆环表面，如图 3-47 所示。

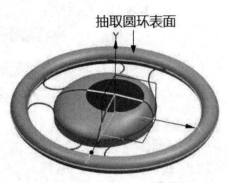

图 3-47　抽取特征面

(2) 修剪片体。单击【修剪片体】按钮 ，弹出【修剪片体】对话框，【目标】选择【抽取的圆环面】、【边界】选择【内外两个圆】，如图 3-48 所示。

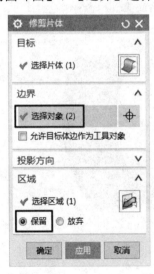
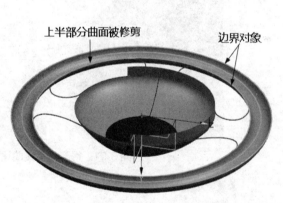

图 3-48　修剪片体

提示： 当【区域】设置为【保留】时，【目标】需选择圆环上半部分表面。

(3) 创建两段截面曲线。单击【截面曲线】按钮 ，【要剖切的对象】选取圆环表面，【剖切平面】选取基准坐标系 Y-Z 平面，得到两段截面线，如图 3-49 所示。

(4) 创建一段桥接曲线。单击【桥接曲线】按钮 ，弹出【桥接曲线】对话框，【连接性】设置如图 3-50 所示。得到的桥接曲线如图 3-51 所示。

(5) 创建片体。单击【拉伸】按钮 ，弹出【拉伸】对话框，【截面线】选取曲线，如图 3-52 所示。

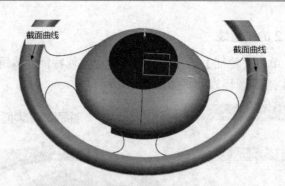

图 3-49　创建两段截面曲线

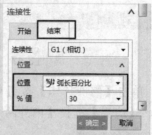

图 3-50　创建桥接曲线

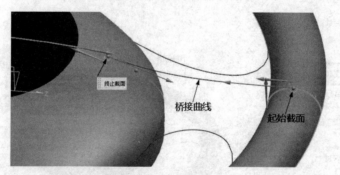

图 3-51　得到的桥接曲线

图 3-52　创建片体

（6）创建样条曲线。单击【曲线】工具栏中的【艺术样条】按钮，弹出【艺术样条】对话框，【点位置】选取 3 个端点，如图 3-53 所示。

以相同的方法创建另外一段样条曲线，如图 3-54 所示。

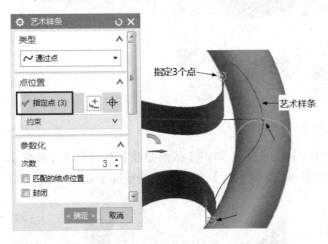

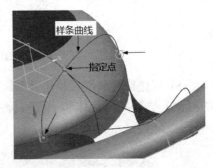

图 3-53　创建样条曲线　　　　　　　　　图 3-54　创建另一段样条曲线

（7）修剪片体。单击【修剪片体】按钮，弹出【修剪片体】对话框，【目标】选取曲面，【边界】选取样条曲线，如图 3-55 所示。

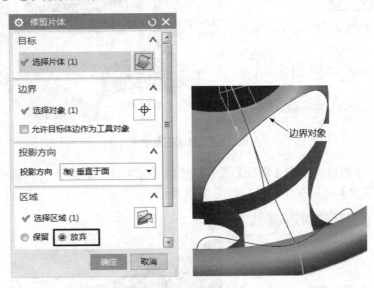

图 3-55　修剪片体

提示：　将【区域】设置为【放弃】，鼠标单击目标片体时，要单击在将要被修剪掉的区域内。

以相同的方法修剪另一个片体，如图 3-56 所示。

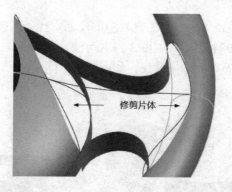

图 3-56　修剪另一个片体

(8) 创建截面曲线。单击【截面曲线】按钮，弹出【截面曲线】对话框，【要剖切的对象】选取两个片体和一段桥接曲线，【剖切平面】选取新建的基准平面，如图 3-57 所示。

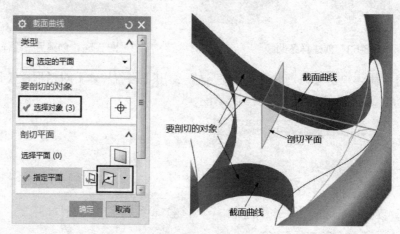

图 3-57　创建截面曲线

(9) 创建样条曲线。单击【曲线】工具栏中的【艺术样条】按钮，弹出【艺术样条】对话框，【点位置】选取 3 个端点，如图 3-58 所示。

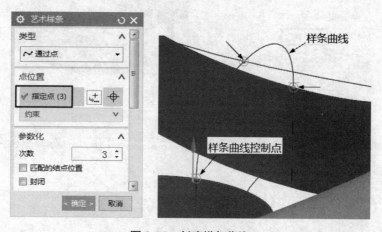

图 3-58　创建样条曲线

(10) 创建网格曲面 2。单击【通过曲线网格】按钮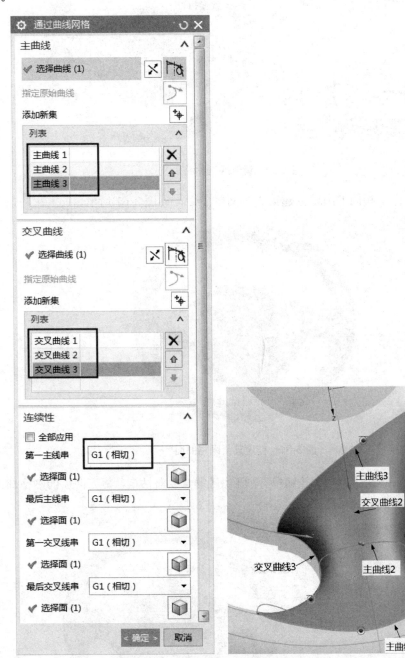，弹出【通过曲线网格】对话框，【主曲线】和【交叉曲线】分别选取 3 段曲线，【连续性】设置为【相切】，如图 3-59 所示。

图 3-59　创建网格曲面

(11) 镜像网格曲面 2。单击【镜像特征】按钮，弹出【镜像特征】对话框，【要镜像的特征】选取网格曲面 2，【镜像平面】选取基准坐标系 X-Y 平面，如图 3-60 所示。

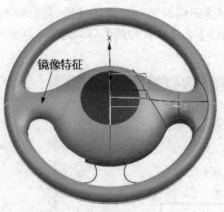

图 3-60　镜像网格曲面

以创建网格曲面 2 相同的方法创建第 3 个网格曲面，如图 3-61 所示。

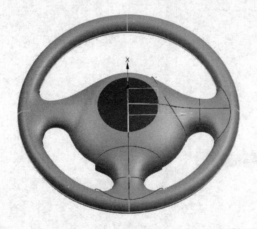

图 3-61　创建其余网格曲面

(12) 曲面合并。单击【缝合】按钮，弹出【缝合】对话框，将方向盘的网格曲面与圆环面合并，如图 3-62 所示。

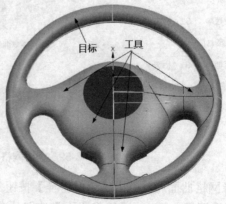

图 3-62　曲面合并

(13) 镜像曲面。单击【镜像特征】按钮，【要镜像的特征】选取缝合的曲面，【镜像平面】选取基准坐标系 X-Z 平面，如图 3-63 所示，方向盘模型创建完成。

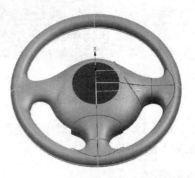

图 3-63　镜像曲面

【知识点解析】

1. 【桥接曲线】命令

该命令可以实现在起始对象和终止对象之间连接一段相切曲线，以便创建曲面构造线。

(1)【起始对象】或【终止对象】设置。当【起始对象】或【终止对象】设置为【截面】时，可以选取曲线或边作为对象，如图 3-64 所示。

图 3-64　【起始对象】或【终止对象】设置为【截面】

当【起始对象】或【终止对象】设置为【对象】时，则可以选取点或面作为对象，如图 3-65 所示。

图 3-65　【起始对象】或【终止对象】设置为【对象】

(2)【约束面】设置。当设置了约束面后，则创建的桥接曲线会定位在约束面上，如图 3-66 所示。

图 3-66　【约束面】设置

(3)【终止对象】设置为【矢量】。当【终止对象】设置为【矢量】时，则桥接曲线的一端会与该矢量方向相同，如图 3-67 所示。

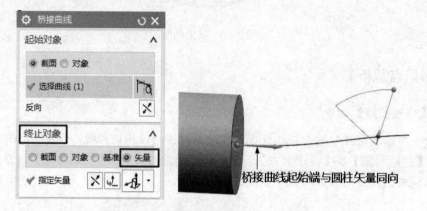

图 3-67　【终止对象】设置为【矢量】

2.【偏置曲线】命令

(1)【偏置类型】设置为【拔模】，其偏置效果如图 3-68 所示。

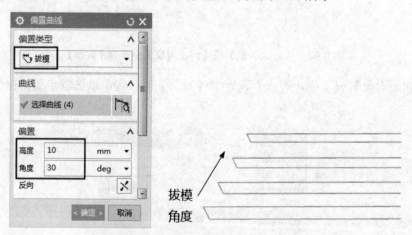

图 3-68　【偏置类型】设置为【拔模】

(2)【偏置类型】设置为【距离】，其偏置效果如图 3-69 所示。

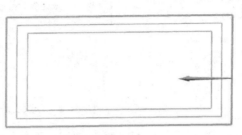

图3-69 【偏置类型】设置为【距离】

3. 【通过曲线网格】命令

该命令是 UG 曲面建模应用最多的命令，主要是通过两个方向的空间截面线进行曲面构建。

(1) 连续性设置。连续性包括【G0 位置】、【G1 相切】、【G2 曲率】。常用【G1 相切】保证曲面与相邻曲面的光顺连接，如图3-70所示。

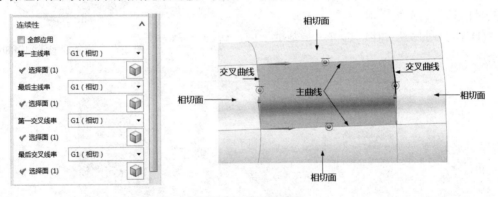

图3-70 连续性设置

(2) 公差设置。通常交叉曲线需要与每段主曲线都要相交，否则无法创建曲面，如图3-71所示。

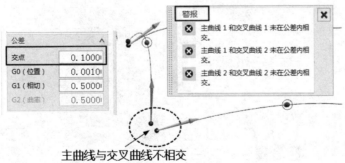

图3-71 错误报警

如果曲面精度要求不高，可以修改公差值，解决报警问题，如图3-72所示。

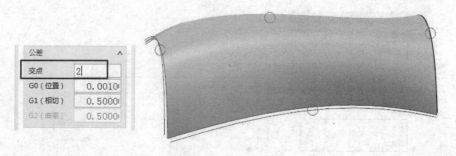

图 3-72 修改公差

(3) 三边面问题。标准的网格曲面应由 4 段曲线组成，当只有三段线的情况下，点也可以设置为主曲线，如图 3-73 所示。

(4) 五边面问题。5 段线无法构建网格曲面，需要构建辅助线，拆分为两个四边面，如图 3-74 所示。

4. 【修剪片体】命令

该命令的使用方法与【修剪体】命令基本相同，但修剪的目标对象是曲面片体。

(1) 边界可以是片体，也可以是基准平面，如图 3-75 所示。

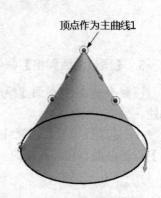

图 3-73　三条边创建网格曲面

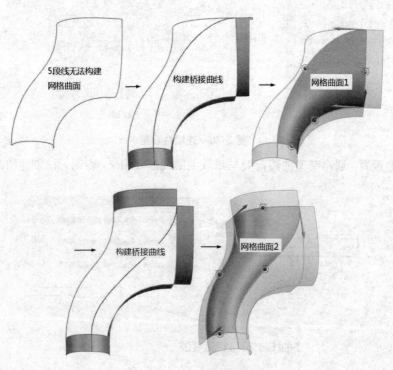

图 3-74　五条边创建网格曲面

(2) 边界可以是曲线，设置不同的投影方向，修剪结果也会不同，如图 3-76 所示。

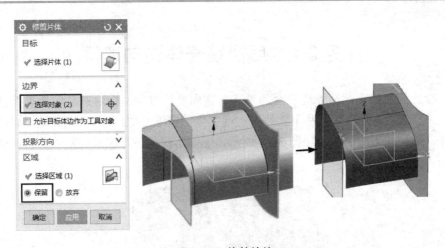

图 3-75 修剪片体

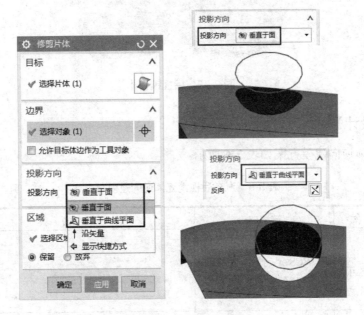

图 3-76 投影方向设置

(3) 选中【允许目标体边作为工具对象】复选框，则可以选取目标片体上的边线作为边界对象，如图 3-77 所示。

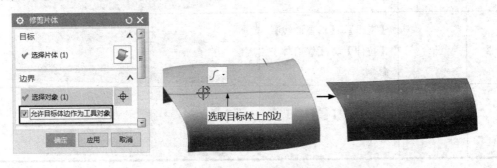

图 3-77 设置【允许目标体边作为工具对象】复选框

任务 3.4　后视镜壳体逆向建模

　　逆向设计通常用于产品外观表面的设计。逆向设计过程是指对产品实物表面进行扫描采集点云、点云数据处理，再利用软件来实现实物的三维 CAD 模型曲面重构，以达到最终的再设计、数控加工的目的，如图 3-78 所示。通过本次任务，应掌握基于点云的逆向建模基本方法。

图 3-78　后视镜壳体

【方案设计】

　　后视镜壳体逆向建模方案如表 3-6 所示。

表 3-6　汽车后视镜壳体逆向建模方案

序号	结构	策略	效果
1	点云摆正	【WCS 定向】、【移动对象】命令	
2	底座	【圆弧】、【基本曲线】、【拉伸】命令	
3	凸台	【直线】、【偏置曲线】、【拉伸】、【修剪体】命令	
4	半球	【球】、【修剪体】命令	

【任务实施】

1. 摆正点云与工作坐标系 XC-YC 平面平齐

(1) 导入点云文件。选择【文件】|【导入】|IGES 菜单命令，在弹出的【IGES 导入选项】对话框中，单击【打开】按钮，选择文件，按 F8 键，发现点云与工作坐标系不平齐，如图 3-79 所示。需要调整点云保证与坐标系平齐，便于后续建模。

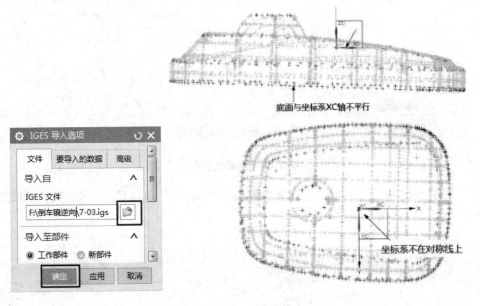

图 3-79　导入点云文件

(2) 隐藏部分点云。单击【隐藏】按钮，在【类选择】对话框中单击【颜色过滤器】，在弹出的对话框中单击【从对象继承】按钮，选取底部蓝色点，如图 3-80 所示。

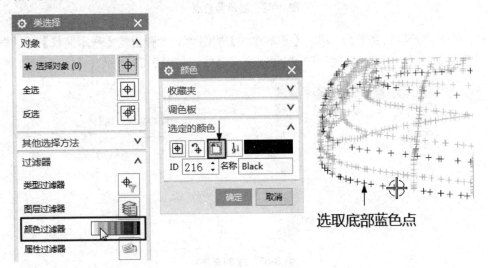

图 3-80　过滤蓝色点

单击【类选择】对话框中的【全选】按钮，再单击【确定】按钮，蓝色点将被全部隐藏，如图 3-81 所示。

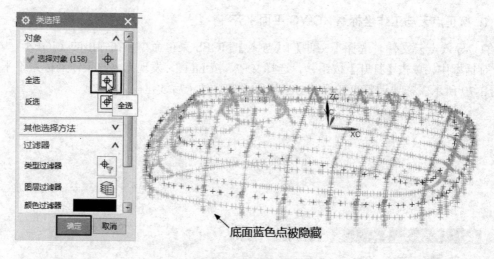

图 3-81　隐藏蓝色点

按下 Ctrl+Shift+B 组合键，实现反向隐藏，此时底部蓝色点被显示，其余颜色点被隐藏，如图 3-82 所示。

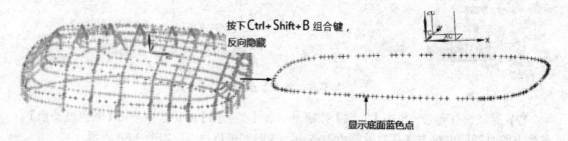

图 3-82　显示蓝色点

(3) 基于点云绘制底平面。单击【基本曲线】按钮，在弹出的【基本曲线】对话框中，单击【直线】按钮，选取蓝色点绘制两条交叉直线，如图 3-83 所示。

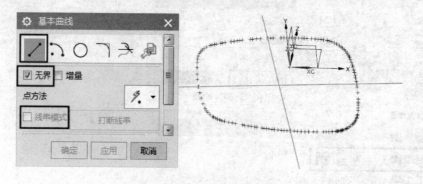

图 3-83　绘制直线

单击【扫掠】按钮，弹出【扫掠】对话框，创建平面，如图 3-84 所示。

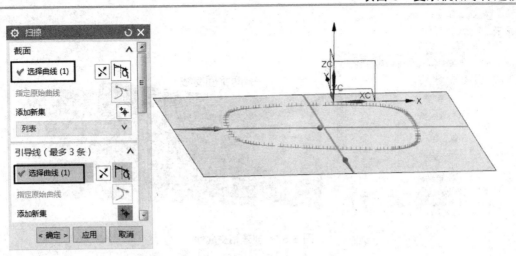

图 3-84　创建平面

(4) 测量点云与工作坐标系 XC-YC 平面的倾斜角度。单击【WCS 定向】按钮 ，弹出 CSYS 对话框，选取底平面，将 WCS 原点定位于平面上，如图 3-85 所示。

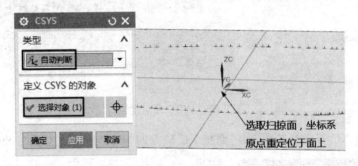

图 3-85　WCS 原点定位

单击【曲面】工具栏中的【整体突变】按钮 ，在 XC-YC 平面处新建一个平面，如图 3-86 所示。

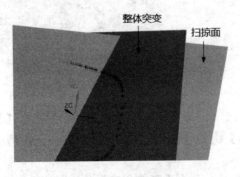

图 3-86　新建平面

单击【曲线】工具栏中的【相交曲线】按钮 ，弹出【相交曲线】对话框，创建两个平面的交线，如图 3-87 所示。

选择【格式】| WCS 菜单命令，单击【原点】按钮 ，进行 WCS 原点定位，如图 3-88

所示。

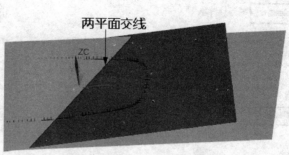

图 3-87　创建相交曲线

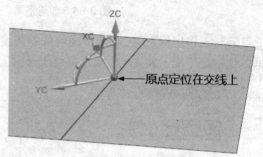

图 3-88　WCS 原点定位

单击【更改 XC 方向】按钮，调整 XC 轴方向与交线一致，如图 3-89 所示。

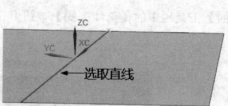

图 3-89　调整 WCS 的 XC 轴方向

单击【截面曲线】按钮，弹出【截面曲线】对话框，在【要剖切的对象】组中选取两个平面，在【剖切平面】组中选取 YC-ZC 平面，从而获得两个平面的两条截面线，如图 3-90 所示。

单击【测量角度】按钮，弹出【简单角度】对话框，测量 2 条截面线的夹角角度，如图 3-91 所示。

(5) 摆正点云与工作坐标系 XC-YC 平面平齐。选择【编辑】|【移动对象】命令，弹出【移动对象】对话框，选择点云绕 XC 轴旋转-2.35 度，点云与坐标系 XC-YC 平面平齐，如图 3-92 所示。

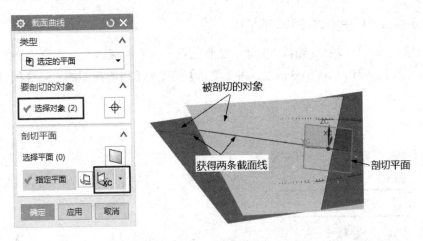

图 3-90　创建截面曲线

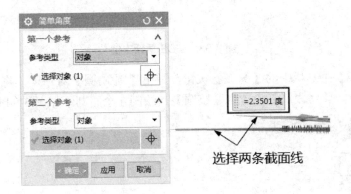

图 3-91　测量角度

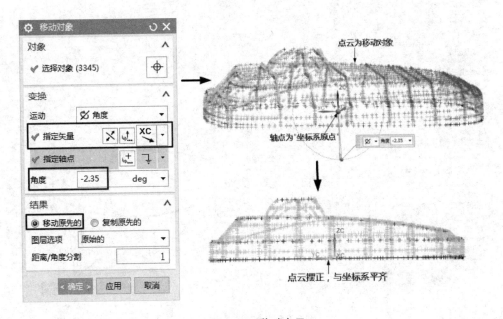

图 3-92　移动点云

2. 摆正点云对称中心线与 XC 轴平行

(1) 创建点云对称线。首先按 F8 键，使蓝色点云位于俯视图上。选择【格式】| WCS |【定向】 命令，弹出 CSYS 对话框，将【类型】设置为【当前视图的 CSYS】，摆正 WCS 坐标系，如图 3-93 所示。

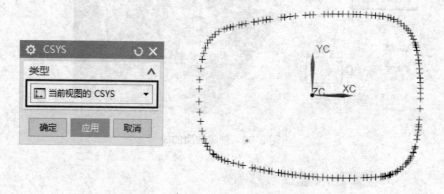

图 3-93　WCS 重新定位

单击【曲线】工具栏中的【圆弧】按钮，弹出【圆弧/圆】对话框，将【类型】设置为【三点画圆弧】，将【限制】设置为【整圆】，绘制 4 个整圆，如图 3-94 所示。

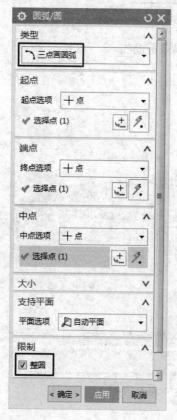

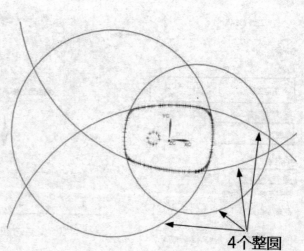

4 个整圆

图 3-94　绘制 4 个整圆

单击【曲线】工具栏中的【直线】按钮 ✏，弹出【直线】对话框，设置起点和终点，在【点】对话框中捕捉交点绘制两段直线，如图 3-95 所示。

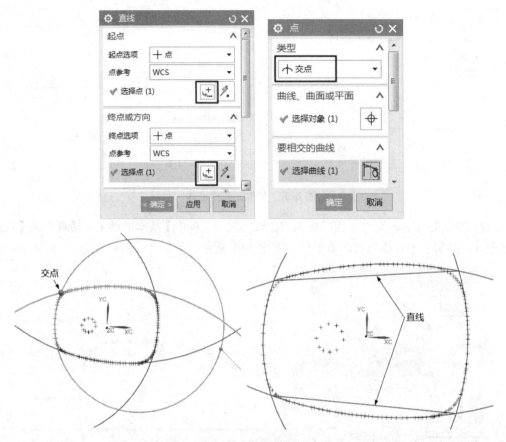

图 3-95　绘制两段直线

单击【曲线】工具栏中的【投影曲线】按钮 ，弹出【投影曲线】对话框，将两段直线投影到 XC-YC 平面，以保证直线共面，如图 3-96 所示。

图 3-96　投影曲线

再单击【基本曲线】按钮 🖉，单击【直线】按钮 ✒，选取投影后得到的两段直线，获得对称中心线，如图 3-97 所示。

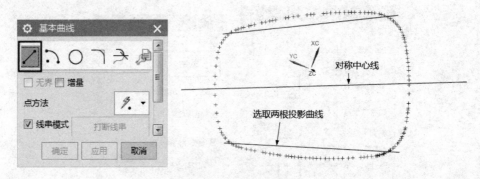

图 3-97　绘制对称中心线

(2) 测量对称中心线与工作坐标系 XC 轴的夹角。单击【基本曲线】对话框中的【直线】按钮 ✒，绘制水平直线与 XC 轴平行，如图 3-98 所示。

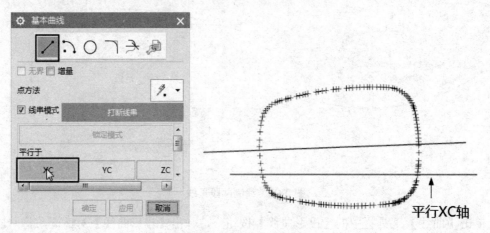

图 3-98　绘制水平直线

测量对称中心线与水平直线的夹角，如图 3-99 所示。

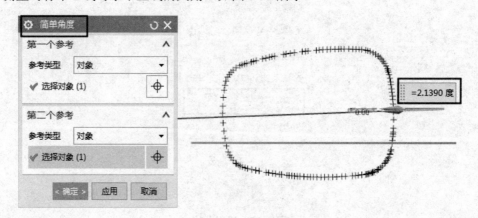

图 3-99　测量角度

选择【编辑】|【移动对象】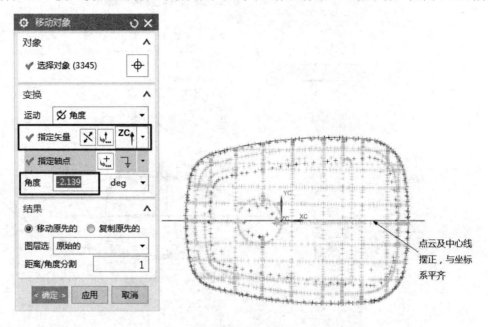 菜单命令，弹出【移动对象】对话框，选择点云绕 ZC 轴旋转-2.139 度，使点云旋转，其对称中心线与工作坐标系 XC 轴平行，如图 3-100 所示。

图 3-100 移动点云

3. 实体建模

(1) 绘制两个整圆。单击【曲线】工具栏中的【圆弧】按钮，绘制圆弧，如图 3-101 所示。

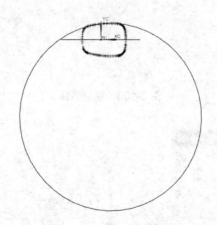

图 3-101 绘制整圆

选择【编辑】|【变换】命令，选择整圆，对其进行镜像复制，如图 3-102 所示。

(2) 绘制圆弧。单击【曲线】工具栏中的【圆弧】按钮，绘制圆弧，如图 3-103 所示。

单击【特征】工具栏中的【点】按钮＋，弹出【点】对话框，获取圆弧与中心线的交点，如图 3-104 所示。

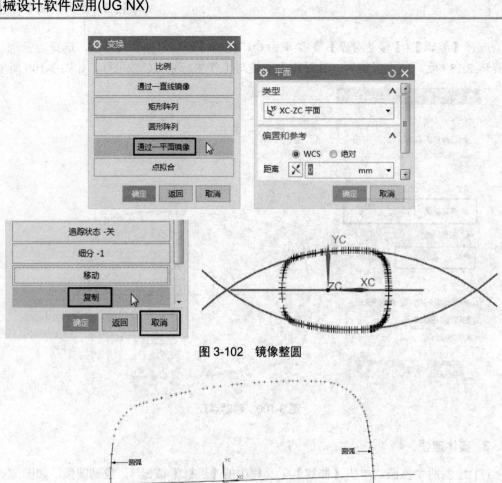

图 3-102　镜像整圆

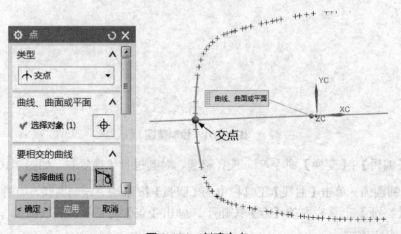

图 3-103　绘制圆弧

图 3-104　创建交点

单击【编辑】菜单下的【变换】按钮，弹出【变换】对话框，选取一个点，以 XC-ZC 平面为镜像面，对点进行镜像，如图 3-105 所示。

图 3-105 镜像点

单击【圆弧】按钮，捕捉交点、镜像点，以三点画弧的方式重新绘制圆弧，以此保证圆弧以中心线对称，符合模型结构要求，如图 3-106 所示。

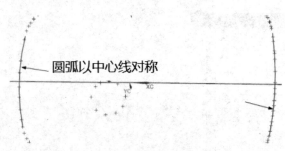

图 3-106 三点画弧

单击【圆弧】按钮，以三点画弧的方式绘制上下两段圆弧，如图 3-107 所示。

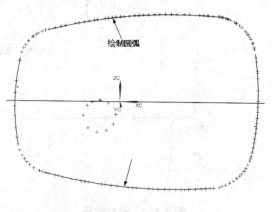

图 3-107 三点画弧

单击【投影曲线】按钮，弹出【投影曲线】对话框，将四段圆弧投影到 XC-YC 平面，保证曲线位于同一平面上，如图 3-108 所示。

图 3-108　投影曲线

(3) 绘制圆角。单击【圆弧】按钮，弹出【圆弧/圆】对话框，以三点画弧的方式绘制整圆，以便获取准确的圆角半径，如图 3-109 所示。

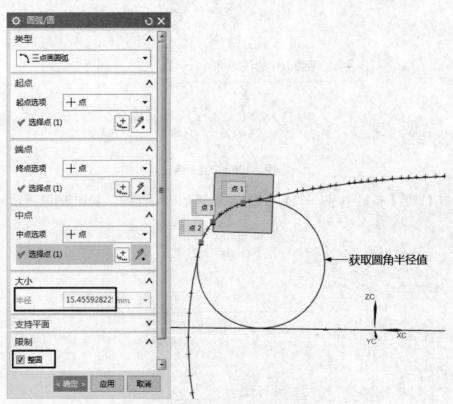

图 3-109　绘制整圆

单击【基本曲线】按钮 ，在弹出的【基本曲线】对话框中单击【倒圆角】按钮，弹出【曲线倒圆】对话框，在此对话框中设置参数，绘制圆角，如图 3-110 所示。

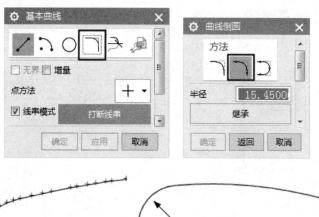

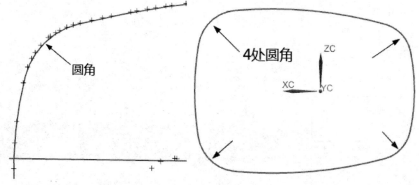

图 3-110　倒圆角

提示：分别单击两段圆弧，再单击圆角圆心所在的大致位置，即可倒圆角。

(4) 创建拉伸体。捕捉底部上下两点，测量竖直高度尺寸，如图 3-111 所示。

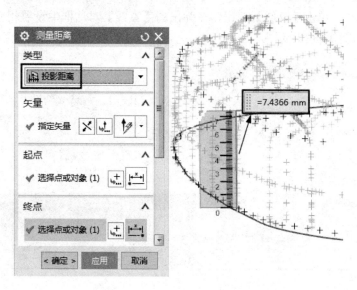

图 3-111　测量高度尺寸

单击【拉伸】按钮，在弹出的【拉伸】对话框中设置相关选项，创建拉伸体，如图 3-112 所示。

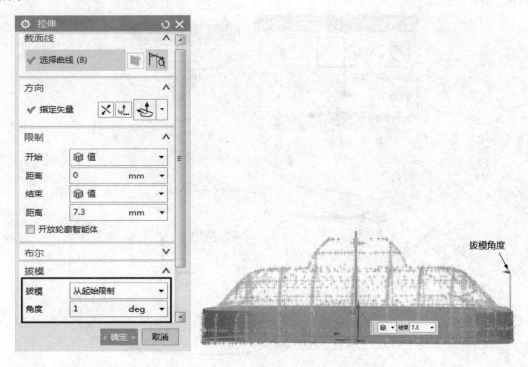

图 3-112　创建拉伸体

提示：　根据拉伸实体特征与点云的拟合情况自定义拔模角度。

4. 创建凸台

(1) 绘制斜线。单击【直线】按钮，在弹出的【直线】对话框中设置相应选项，捕捉两点绘制斜线，如图 3-113 所示。

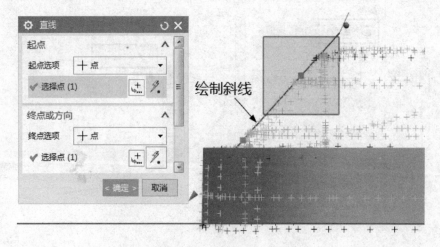

图 3-113　绘制斜线

(2) 偏置曲线。单击【点】按钮十，在弹出的【点】对话框中，将【类型】设置为【交点】，选取斜线和拉伸体表面，如图 3-114 所示。

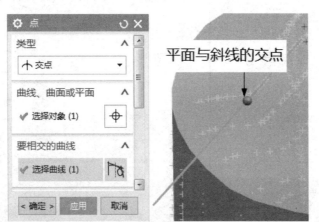

图 3-114　创建交点

测量拉伸体边界曲线到交点的距离，如图 3-115 所示。

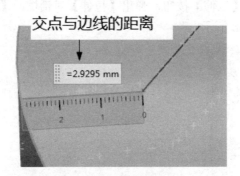

图 3-115　测量距离

单击【偏置曲线】按钮，在弹出的【偏置曲线】对话框中设置相应选项，将拉伸体边界线向内偏置，如图 3-116 所示。

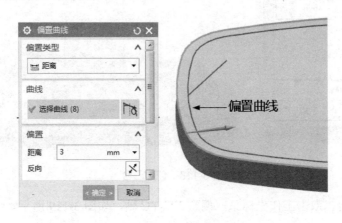

图 3-116　偏置曲线

(3) 测量拔模角度。单击【直线】按钮，绘制竖直线，测量斜线与直线的角度，如图 3-117 所示。

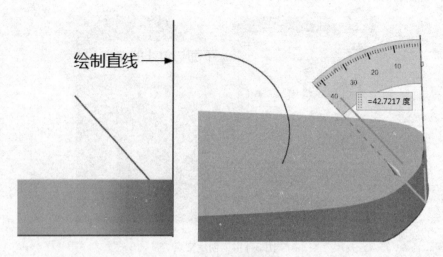

绘制直线 →

=42.7217 度

图 3-117　测量角度

(4) 创建凸台。单击【拉伸】按钮，弹出【拉伸】对话框，【截面线】选取偏置曲线，设置相关选项，如图 3-118 所示。

拉伸体

图 3-118　创建凸台

(5) 修剪凸台。双击工作坐标系，调整 XC-YC 轴，如图 3-119 所示。

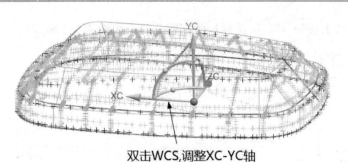

双击WCS,调整XC-YC轴

图 3-119　WCS 重定位

单击【圆弧】按钮 ，选取顶部三个点绘制圆弧，如图 3-120 所示。

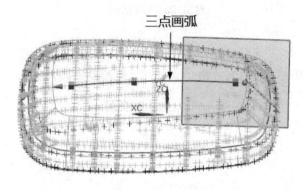

三点画弧

图 3-120　绘制圆弧

(6) 单击【编辑曲线】工具栏中的【曲线长度】按钮 ，延伸圆弧，如图 3-121 所示。

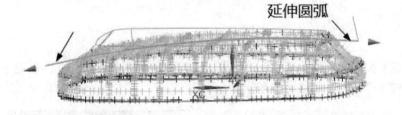

延伸圆弧

图 3-121　延伸圆弧

(7) 单击【拉伸】按钮，【截面线】选取圆弧，如图 3-122 所示。

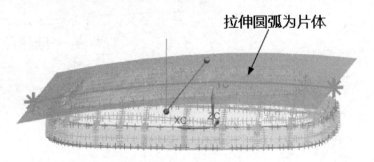

拉伸圆弧为片体

图 3-122　拉伸片体

单击【修剪体】按钮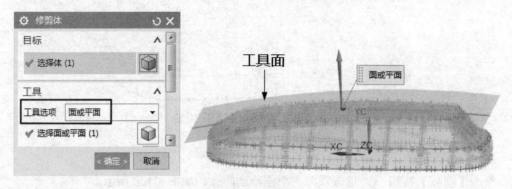，用拉伸片体修剪凸台，如图 3-123 所示。

图 3-123　修剪凸台

5. 创建半球

(1) 绘制整圆。单击【圆弧】按钮　，捕捉 3 点绘制整圆，如图 3-124 所示。

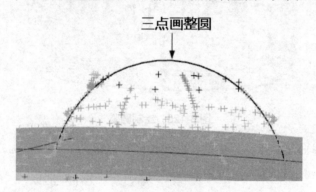

图 3-124　绘制整圆

单击【点】按钮＋，弹出【点】对话框，【类型】设置为"圆弧中心/椭圆中心/球心"，在圆心处创建 1 个点，如图 3-125 所示。

图 3-125　创建圆心点

测量整圆直径，如图 3-126 所示。

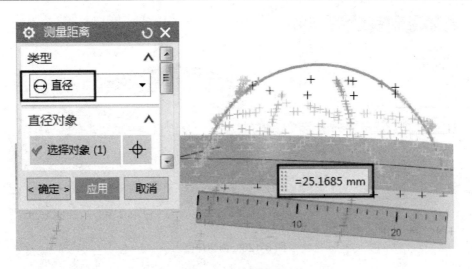

图 3-126　测量整圆直径

单击【圆弧】按钮 ↷，弹出【圆弧/圆(非关联)】对话框，【类型】设置为【从中心开始的圆弧/圆】，以创建的点为圆心，绘制整圆，如图 3-127 所示。

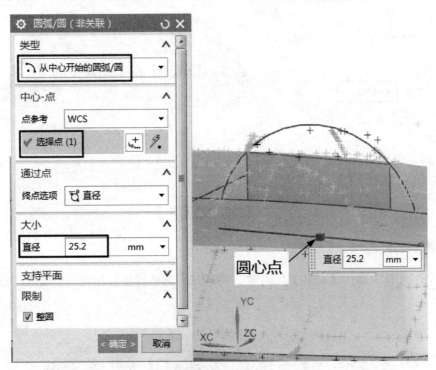

图 3-127　绘制整圆

⌐☞ **提示：** 这样构建的整圆才可以更精确地贴近原型特征。

(2) 创建球体。单击【球】按钮 ⬤，弹出【球】对话框，选择整圆，创建球体，如图 3-128 所示。

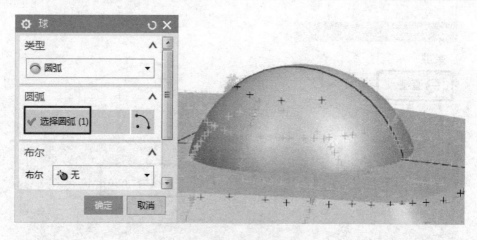

图 3-128 创建球体

(3) 修剪球体。单击【修剪体】按钮 ，弹出【修剪体】对话框，【目标】选择球体，【工具选项】设置为【新建平面】，如图 3-129 所示。

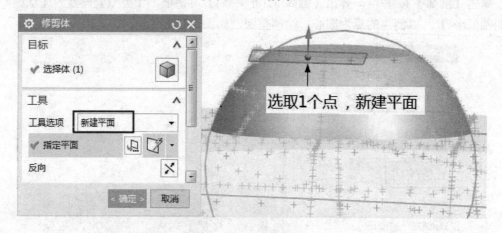

图 3-129 修剪球体

6. 创建壳体

(1) 合并实体。单击【合并】按钮 ，将半球与其他特征合并为一个实体，如图 3-130 所示。

图 3-130 合并实体

(2) 创建壳体。单击【抽壳】按钮 ，弹出【抽壳】对话框，【要穿透的面】选取实体底面，如图 3-131 所示。

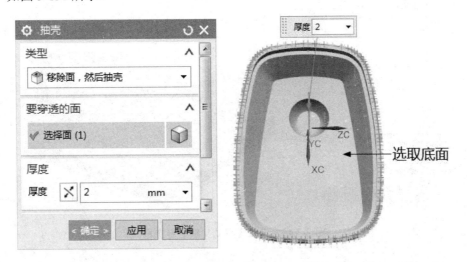

图 3-131　创建壳体

【知识点解析】

1.【移动对象】命令

该命令具备了多种运动类型，可以对草图、曲线、片体、实体、坐标系等多种对象进行移动复制。

(1)【运动】设置为【动态】，则对象随工作坐标系的动态变换而移动，如图 3-132 所示。

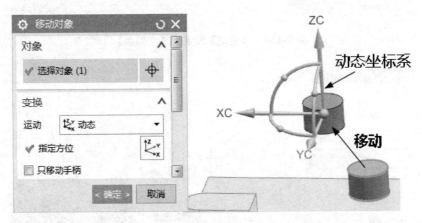

图 3-132　【运动】设置为【动态】

(2) 选中【移动父项】复选框，则对象的父特征随之一起移动，如图 3-133 所示。

(3)【运动】设置为【点到点】，即对象从某一点移动至另一点，如图 3-134 所示。

(4)【运动】设置为【根据三点旋转】，其移动效果如图 3-135 所示。

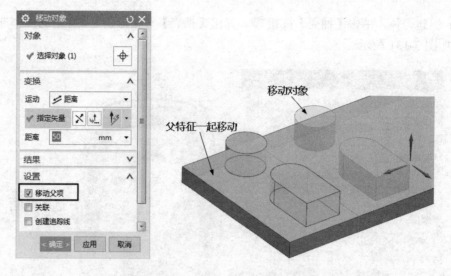

图 3-133　设置【移动父项】复选框

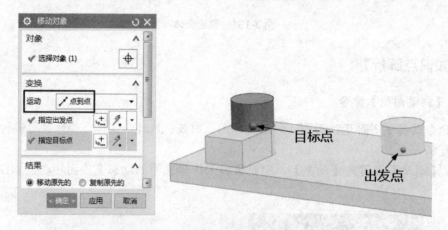

图 3-134　【运动】设置为【点到点】

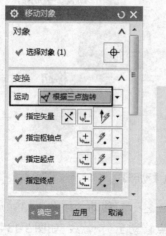

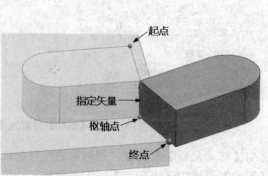

图 3-135　【运动】设置为【根据三点旋转】

(5)【运动】设置为【CSYS 到 CSYS】，即对象从一个基准坐标系移动至另一个基准坐标系，如图 3-136 所示。图 3-136 所示的基准坐标系的创建方法为"对象的 CSYS"。

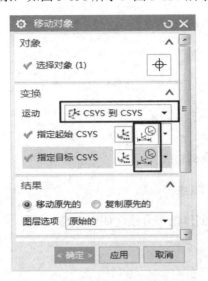
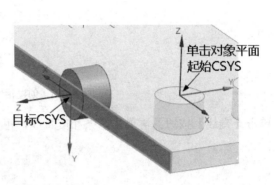

图 3-136 【运动】设置为【CSYS 到 CSYS】

2.【基本曲线】命令

该命令创建的曲线为无参特征，不会记录在部件导航器中，它的曲线绘制方法与草图差别很大。

(1) 跟踪条设置。单击【基本曲线】按钮，会弹出【跟踪条】对话框，该对话框中的坐标会随鼠标移动而变化，不利于输入数据。选择【首选项】| 用户界面选项，在弹出的【用户界面首选项】对话框中，取消选中【跟踪光标位置】复选框，如图 3-137 所示。

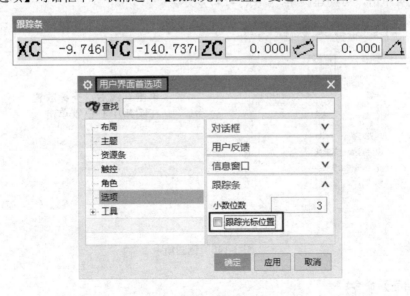

图 3-137 跟踪条设置

(2) 曲线绘制。单击【基本曲线】中的【直线】按钮 ／，再单击两个整圆，可创建相切直线，如图 3-138 所示。

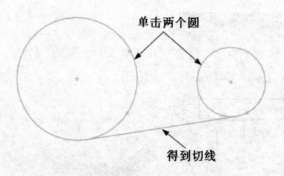

图 3-138　创建相切直线

单击【直线】按钮，再单击两条相交直线，可创建角平分线，如图 3-139 所示。

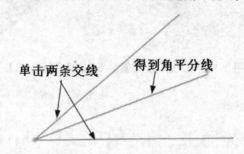

图 3-139　创建角平分线

单击【基本曲线】中的【倒圆角】按钮 ，再单击两条交线，然后放置光标在圆角中心大致位置再单击，可创建圆角，如图 3-140 所示。

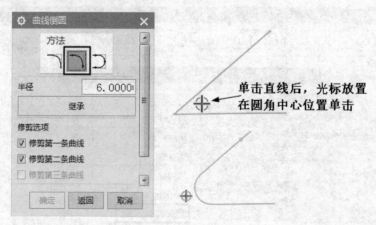

图 3-140　倒圆角

3. 【抽壳】命令

该命令可通过设置壁厚和选取开口面以创建壳体特征。

（1）在【抽壳】对话框中，【类型】设置为【对所有面抽壳】，可将封闭的实体创建为空心壳体，如图 3-141 所示。

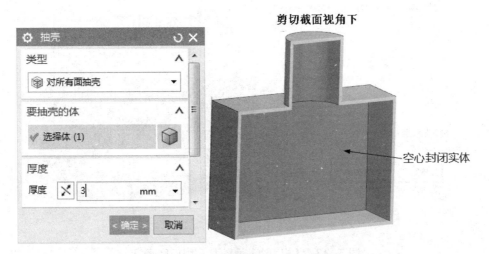

图 3-141　【类型】设置为【对所有面抽壳】

（2）【类型】设置为【移除面，然后抽壳】。需设置【要穿透的面】组中的参数，通过【备选厚度】组中的设置，可生成不同壁厚的壳体特征，如图 3-142 所示。

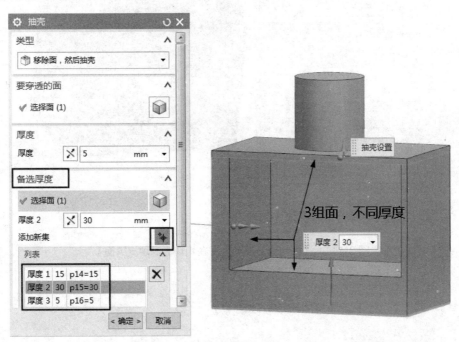

图 3-142　【类型】设置为【移除面，然后抽壳】

（3）【相切边】设置为【相切延伸面】。当【要穿透的面】选取单个面，但是其周边有相切面时，则抽壳失败，如图 3-143 所示。

当【相切边】设置为【在相切边添加支撑面】时，则可实现抽壳操作，如图 3-144 所示。

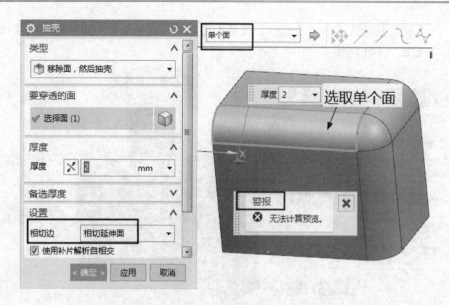

图 3-143 【相切边】设置为【相切延伸面】

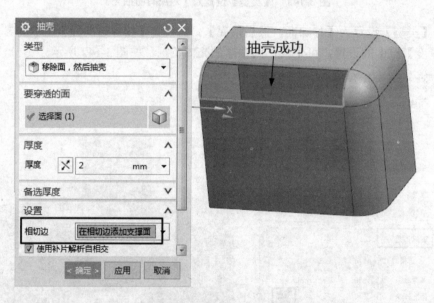

图 3-144 【相切边】设置为【在相切边添加支撑面】

项 目 小 结

　　本次项目涉及更多的曲面建模，它比实体建模难度更大，需要先构建空间曲线，因此表达式、桥接曲线、投影曲线、截面曲线等派生曲线功能显得尤为重要。曲面形状特别是曲面光顺度是曲面构建的关键考虑要素。逆向建模是创新设计常用的一种方法，重构曲线不是简单地以点连线，必须参考原型零件的结构特点，以保证绘制的曲线能最大限度地还原原版模型精度。

课 后 习 题

一、选择题

1. 当选择多条主曲线或交叉曲线时，可单击(　　)按钮来完成多条主曲线或交叉曲线的添加。

　　A.【添加新集】　　　　　　B.【截面线】　　　　　　C.【连续性】

2. 单击【偏置曲线】按钮🗋，【偏置类型】设置为【拔模】，其偏置效果为(　　)。

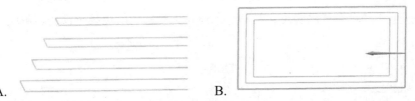

　　A.　　　　　　　　　　　　　B.

3. 构建曲面时可以运用(　　)命令，通过两个方向的空间截面线进行曲面构建。

　　A.　　　　　　　　　　B.　　　　　　　　　　C.

4. 连续性包括【G0 位置】、【G1 相切】、【G2 曲率】，常用(　　)保证曲面与相邻曲面的光顺连接。

　　A.【G0 位置】　　　　　　B.【G1 相切】　　　　　　C.【G2 曲率】

5. 单击【修剪片体】按钮，投影方向设置为【垂直于面】时，其得到的修剪结果为(　　)。

　　　　　　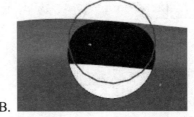

　　A.　　　　　　　　　　　　　　B.

6. 运用【通过曲线网格】命令构建曲面时，交叉曲线需要与每段主曲线都要相交，否则无法创建曲面，当出现如图 3-145 所示的报警时，可通过修改(　　)解决。

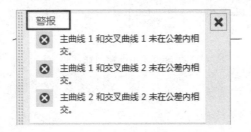

图 3-145　错误报警

　　A. 交点公差值　　　　　　B. 拔模角度值　　　　　　C. 切点位置

7. 【修剪片体】命令与【修剪体】命令基本相同，但修剪的目标对象是有区别的，【修剪片体】修剪的对象目标是(   )。

    A. 曲面片体   B. 实体特征   C. 任何特征

8. 运用【修剪片体】命令对曲面片体进行修剪时，当选中【允许目标体边作为工具对象】复选框，则可以选取目标片体上的(   )作为边界对象。

    A. 点   B. 边线   C. 面

9. 利用【修剪片体】命令对片体进行修剪时，【区域】设置为【放弃】，则单击选中的片体区域将被(   )。

    A. 保留   B. 修剪   C. 无法确定

10. 利用(   )命令可以实现在起始对象和终止对象之间连接一段相切曲线，以便创建曲面构造线。

A.   B.   C.

二、技能训练题

根据图 3-146～图 3-150 所示的尺寸要求，进行实体建模。

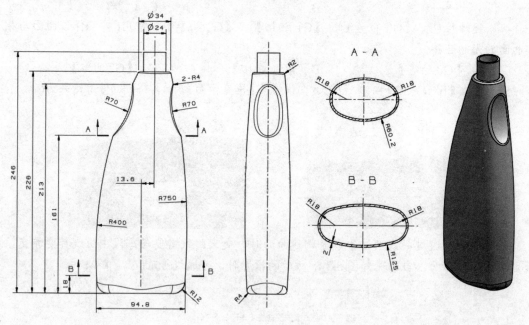

图 3-146　塑料瓶

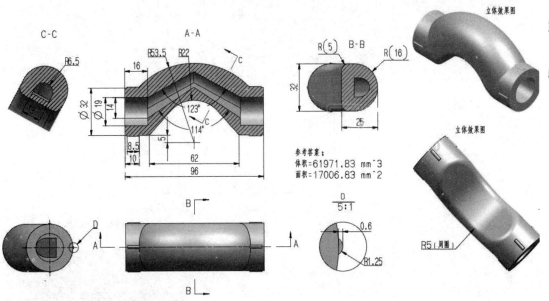

图 3-147　管道

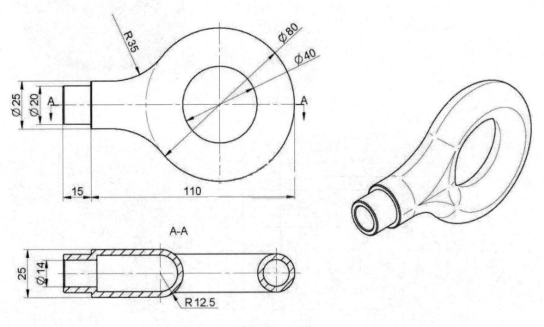

图 3-148　圆环

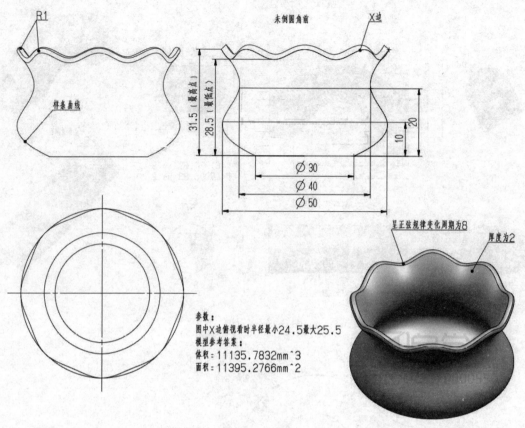

图 3-149　花瓶

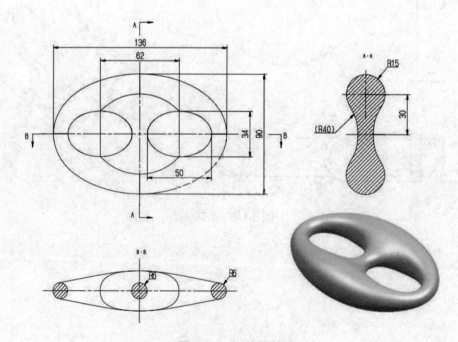

图 3-150　8 字形曲面

项目4 装配建模

UG 装配过程是在装配中建立部件之间的连接关系。它通过在部件间建立约束关系来确定部件在产品中的位置。在装配中，部件几何体是被装配引用，而不是被复制到装配中。不管如何编辑和在何处编辑部件，整个装配部件都保持关联性。通过虚拟装配，验证产品设计与工艺的可行性。

知识要点

- 装配建模常用命令，如装配约束、移动组件、阵列组件等的含义。
- 装配约束关系。

技能目标

- 能熟练操作装配基本流程。
- 能解决约束报警保证约束关系正确。

任务 4.1　千斤顶装配

通过本次任务，掌握 UG 基本装配方法，学会创建装配约束等常用装配操作，如图 4-1 所示。

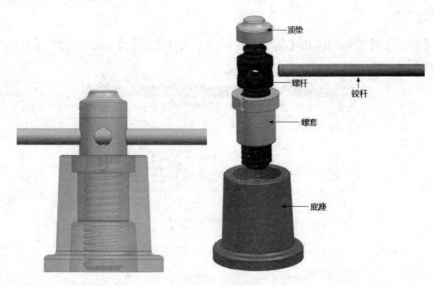

图 4-1　千斤顶

【方案设计】

千斤顶装配方案如表 4-1 所示。

表 4-1　千斤顶装配方案

序号	装配部件	策　略	效　果
1	底座与螺套	中心轴线对齐、面接触	
2	螺套与螺杆	中心轴线对齐	
3	螺杆与顶垫	中心轴线对齐、面接触	
4	螺杆与铰杆	中心轴线对齐	

【任务实施】

1. 新建文件

单击【新建】按钮，弹出【新建】对话框，选择【装配】模板，设置【名称】和【文件夹】，如图 4-2 所示。

图 4-2　新建文件

2. 添加"底座"零件

单击【添加组件】对话框中的【打开】按钮，打开"底座"模型，设置【定位】为【绝对原点】，如图 4-3 所示。

图 4-3　添加"底座"零件

3. 装配"螺套"零件

单击【添加组件】按钮，打开"螺套"模型，设置【定位】和【引用集】选项，单击【确定】按钮，如图 4-4 所示。

图 4-4　添加"螺套"零件

弹出【装配约束】对话框，首先添加第一个约束。设置【方位】为【自动判断中心/轴】，选取两条中心轴线，然后选中【在主窗口中预览组件】复选框，预览装配结果，如图 4-5 所示。

图 4-5　添加约束

提示：　装配全部完成之前不要单击【确定】按钮，可通过在主窗口中预览组件进行装配预览。

预览发现螺套定位有误，单击【撤销上一个约束】按钮，实现螺套翻转，如图4-6所示。

图 4-6　螺套翻转

> **提示：** 【撤销上一个约束】按钮的作用是使零件 180° 翻转，仅在约束不冲突的情况下才起作用，否则容易发生约束冲突报警。

添加第 2 个约束。设置【方位】为【接触】，选取两个平面，如图 4-7 所示。

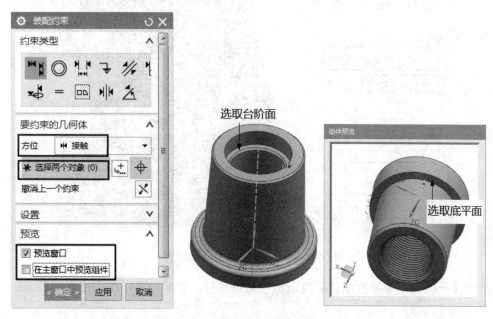

图 4-7　添加接触约束

然后选中【在主窗口中预览组件】复选框，进行预览，如图 4-8 所示。

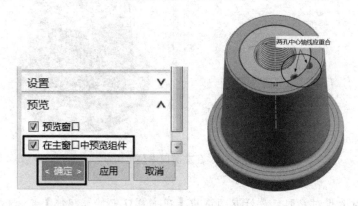

图 4-8　预览组件

> **提示：** 在【要约束的几何体】组中，选取几何体对象的顺序是：通常先选择预览窗口中的几何体零件，再选择主窗口中的零件，以此来保证主窗口零件为基准对象。

预览发现螺套定位仍有问题，两个螺纹孔轴线应重合。添加第 3 个约束，设置【方位】为【自动判断中心/轴】，选取两个内孔面，如图 4-9 所示。

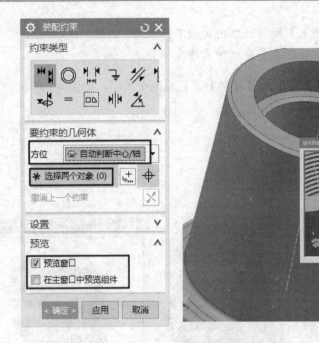

图 4-9　添加自动判断中心/轴约束

选中【在主窗口中预览组件】复选框，进行预览，装配完成，单击【确定】按钮，如图 4-10 所示。

图 4-10　在主窗口中预览组件

提示：　当选择对象时，最好取消选中【在主窗口中预览组件】复选框，以方便选取，待选取完成后，再选中该复选框进行预览。

4. 装配"螺杆"零件

单击【添加组件】按钮 ，打开"螺杆"模型，设置【定位】和【引用集】选项，单击【确定】按钮，如图 4-11 所示。

添加第 1 个约束。设置【方位】为【自动判断中心/轴】，选取两条轴线，如图 4-12 所示。

图 4-11　添加"螺杆"零件

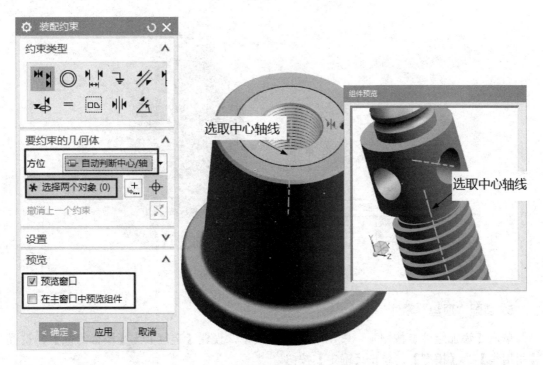

图 4-12　添加自动判断中心/轴约束

再添加第 2 个约束，设置【方位】为【接触】，选取两个平面，如图 4-13 所示。

选中【在主窗口中预览组件】复选框，进行预览，装配完成，单击【确定】按钮，如图 4-14 所示。

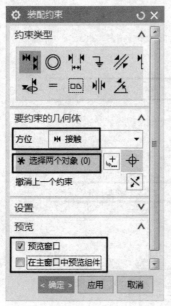

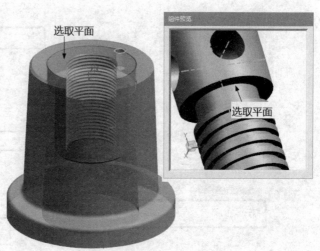

图 4-13　添加接触约束

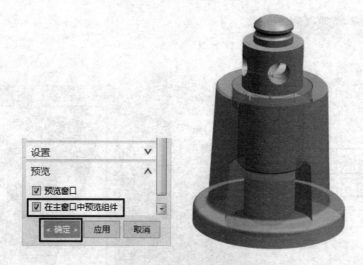

图 4-14　在主窗口中预览组件

5. 装配"顶垫"零件

单击【添加组件】按钮，打开"顶垫"模型，设置【定位】为【根据约束】，设置【引用集】为【模型】，单击【确定】按钮。

添加第 1 个约束，设置【方位】为【自动判断中心/轴】，选取两条轴线，如图 4-15 所示。

添加第 2 个约束，设置【方位】为【接触】，选取两个平面，如图 4-16 所示。

选中【在主窗口中预览组件】复选框，进行预览，装配完成，单击【确定】按钮，如图 4-17 所示。

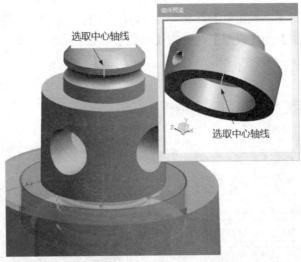

图 4-15 添加自动判断中心/轴约束

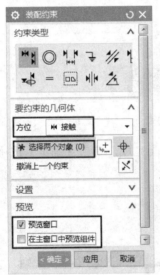

图 4-16 添加接触约束

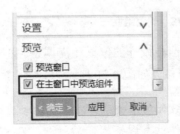

图 4-17 预览组件

6. 装配"铰杆"零件

单击【添加组件】按钮 ，打开"铰杆"模型，设置【定位】为【根据约束】，设置【引用集】为【模型】，单击【确定】按钮。

添加第 1 个约束，设置【方位】为【自动判断中心/轴】，选取两条轴线，如图 4-18 所示。

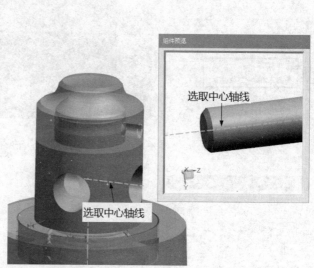

图 4-18　添加自动判断中心/轴约束

选中【在主窗口中预览组件】复选框，进行预览，装配完成，单击【确定】按钮，如图 4-19 所示。

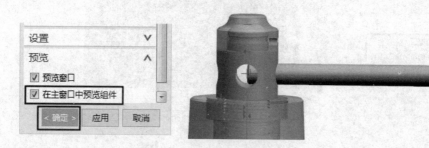

图 4-19　预览组件

此时，装配的约束关系已全部建立，但是铰杆的位置还需调整。单击【移动组件】按钮 ，选择"铰杆"，拖动坐标系进行平移，如图 4-20 所示。

提示：　【移动组件】命令不会创建装配约束关系，不限制运动自由度，它可在保持自由度不变的基础上进行零件位置调整。

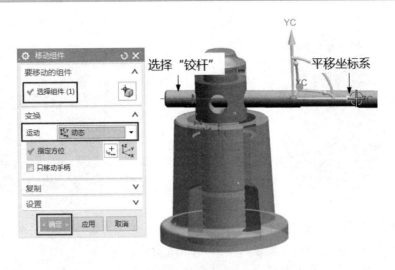

图 4-20　完成移动铰杆

【知识点解析】

装配约束

装配设计中常用的几种约束关系如下。

(1) 接触：两个面共面但面的法向相反，如图 4-21 所示。

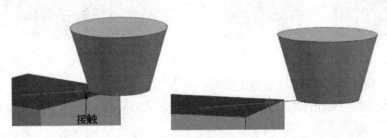

图 4-21　接触约束

(2) 对齐：两个面共面但面的法向相同，如图 4-22 所示。

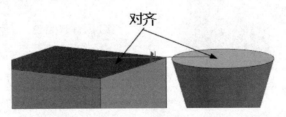

图 4-22　对齐约束

(3) 自动判断中心/轴：选取圆柱或圆锥面，系统自动使中心轴线重合，如图 4-23 所示。

(4) 距离：两个面之间按指定距离偏离，如图 4-24 所示。

图 4-23　自动判断中心/轴约束

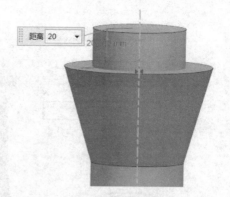

图 4-24　距离约束

(5) 平行：两个面之间平行放置，如图 4-25 所示。

(6) 垂直：两个面之间垂直放置，如图 4-26 所示。

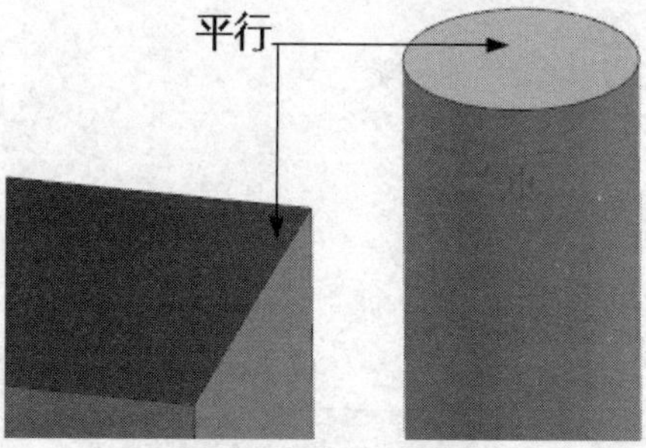

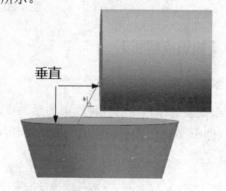

图 4-25　平行约束

图 4-26　垂直约束

(7) 角度：两个面之间按设定角度放置，如图 4-27 所示。

(8) 约束冲突：装配中容易发生约束关系冲突，之前已设定角度约束，如再添加平行约束，必然会发生约束冲突，如图 4-28 所示。

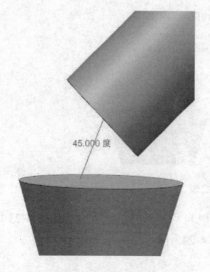

图 4-27　角度约束

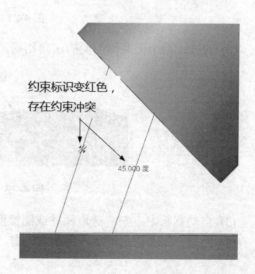

图 4-28　约束冲突

任务 4.2　溢流阀装配

通过完成本次任务，强化巩固零件装配方法、掌握 UG 变形装配、重用库的标准件调用、阵列装配等应用，如图 4-29 所示。

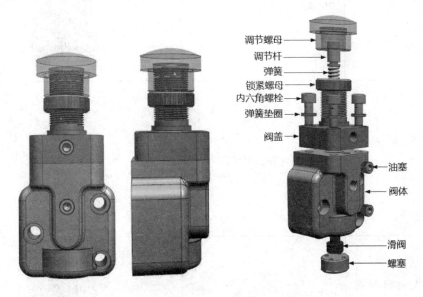

图 4-29　溢流阀装配

【方案设计】

溢流阀装配方案如表 4-2 所示。

表 4-2　溢流阀装配方案

序号	装配部件	策　略	效　果
1	滑阀与阀体	中心轴线对齐、面对齐	
2	螺塞与阀体	中心轴线对齐、面接触	

序号	装配部件	策 略	效 果
3	阀盖与阀体	中心轴线对齐、面接触	
4	油塞与阀体、阀盖	中心轴线对齐、面平齐	
5	调节螺母与阀盖	中心轴线对齐、距离	
6	锁紧螺母与调节螺母	中心轴线对齐、面接触	
7	调节杆与调节螺母	中心轴线对齐、面接触	
8	弹簧与滑阀	中心轴线对齐、面接触、变形装配	
9	螺栓、垫圈与阀体、阀盖	中心轴线对齐、面接触、重用库调用、阵列装配	

【任务实施】

1. 新建文件

单击【新建】按钮，选择【装配】模板，并设置【名称】和【文件夹】，如图 4-30 所示。

图 4-30　新建文件

2. 添加"阀体"零件

单击【添加组件】对话框中的【打开】按钮，打开"阀体"模型，设置【定位】为【绝对原点】，如图 4-31 所示。

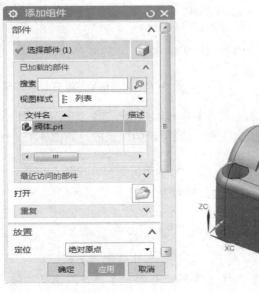

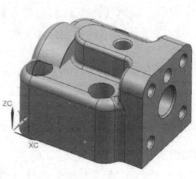

图 4-31　添加"阀体"零件

3. 装配"滑阀"零件

单击【添加组件】按钮，打开"滑阀"模型，设置【定位】和【引用集】，单击【确定】按钮，如图4-32所示。

弹出【装配约束】对话框，首先添加第1个约束。设置【方位】为【自动判断中心/轴】，选取两条中心轴线，如图4-33所示。

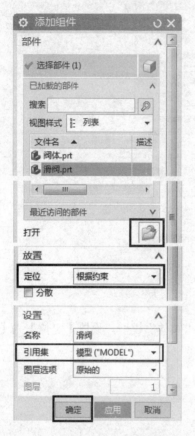

图4-32 添加"滑阀"零件

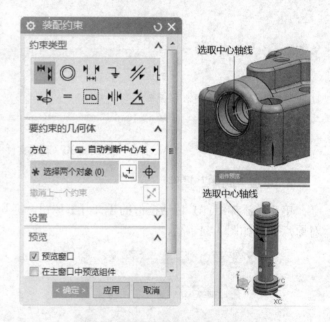

图4-33 添加自动判断中心/轴约束

添加第2个约束。设置【方位】为【对齐】，选取两个平面，如图4-34所示。

选中【在主窗口中预览组件】复选框，进行预览，装配完成，如图4-35所示。

提示：在【要约束的几何体】组中，通常先选择预览窗口中的几何体，再选择主窗口，以此来保证主窗口零件为基准对象。

4. 装配"螺盖"零件

单击【添加组件】按钮，打开"螺盖"模型，单击【确定】按钮。

添加第1个约束。设置【方位】为【自动判断中心/轴】，选取两条轴线，如图4-36所示。

图 4-34 添加对齐约束

图 4-35 预览组件

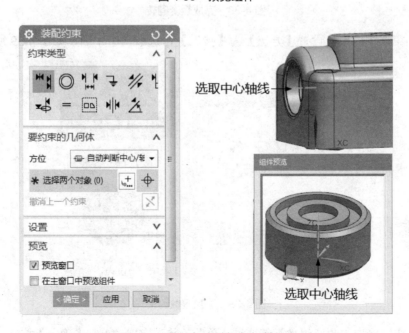

图 4-36 添加自动判断中心/轴约束

选中【在主窗口中预览组件】复选框，预览，如图 4-37 所示。

螺盖反向放置

图 4-37 预览组件

预览发现螺盖定位有误，单击【撤销上一个约束】按钮，实现螺套翻转，如图 4-38 所示。

图 4-38 完成螺套翻转

再添加第 2 个约束。设置【方位】为【接触】，选取两个平面，如图 4-39 所示。

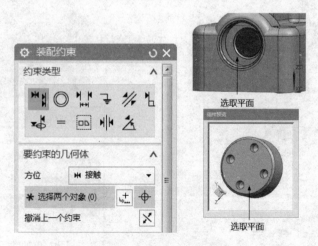

选取平面

选取平面

图 4-39 添加接触约束

选中【在主窗口中预览组件】复选框，预览，装配完成，单击【确定】按钮，如图 4-40

所示。

图 4-40　预览组件

5. 装配"阀盖"零件

单击【添加组件】按钮 ，打开"阀盖"模型，设置【定位】为【根据约束】，单击【确定】按钮。

添加第 1 个约束。设置【方位】为【自动判断中心/轴】，选取两条轴线，如图 4-41所示。

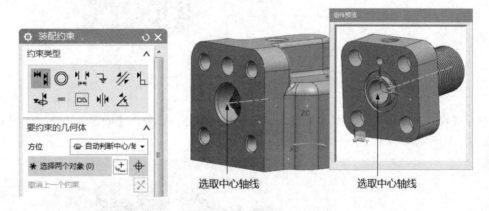

图 4-41　添加自动判断中心/轴约束

添加第 2 个约束。设置【方位】为【自动判断中心/轴】，选取两条轴线，单击【应用】按钮，如图 4-42 所示。

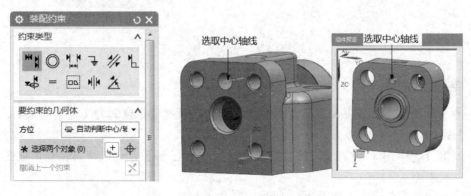

图 4-42　添加自动判断中心/轴约束

再添加第3个约束。设置【方位】为【接触】，选取两个平面，如图4-43所示。

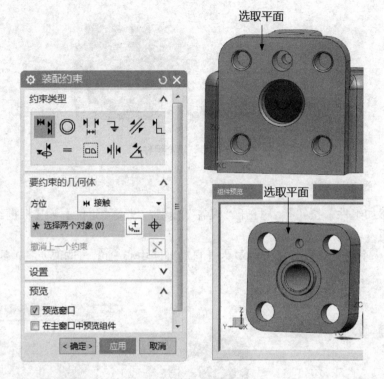

图4-43　添加接触约束

选中【在主窗口中预览组件】复选框，预览，装配完成，单击【确定】按钮，如图4-44所示。

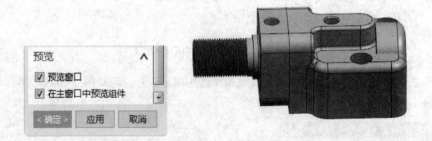

图4-44　预览组件

6. 装配"油塞"零件

单击【添加组件】按钮，打开"油塞"模型，设置【定位】为【根据约束】，单击【确定】按钮。

添加第1个约束。设置【方位】为【自动判断中心/轴】，选取两条轴线，如图4-45所示。

继续添加第2个约束，如图4-46所示。

图 4-45　添加自动判断中心/轴约束

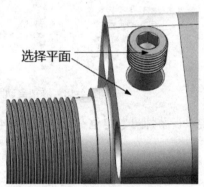

图 4-46　添加对齐约束

单击【确定】按钮，可按照同样的方法完成第二个油塞的装配，如图 4-47 所示。

图 4-47　"油塞"装配完成

7. 装配 "调节螺母" 零件

单击【添加组件】按钮 ，打开"调节螺母"模型，设置【定位】为【根据约束】，设置【引用集】为【模型】，单击【确定】按钮。

添加第 1 个约束。设置【方位】为【自动判断中心/轴】，选取两条轴线，如图 4-48 所示。

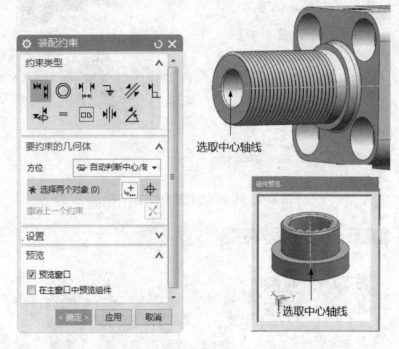

图 4-48　添加自动判断中心/轴约束

预览发现"调节螺母"定位有误，如图 4-49 所示。

图 4-49　预览组件

单击【撤销上一个约束】按钮，实现"调节螺母"翻转，如图 4-50 所示。

再添加第 2 个约束，设置【约束类型】为【距离】，将【距离】设置为 15mm，选取两个平面，如图 4-51 所示。

选中【在主窗口中预览组件】复选框，预览，装配完成，单击【确定】按钮，如图 4-52 所示。

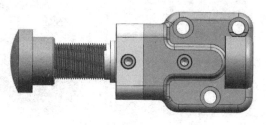

图 4-50　螺母翻转

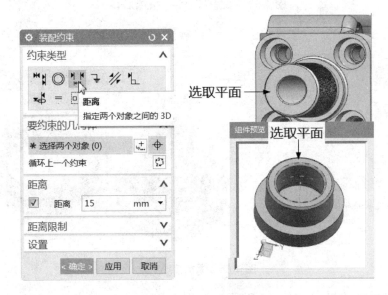

图 4-51　添加距离约束

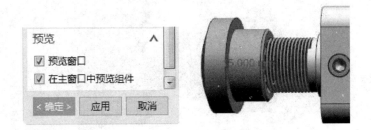

图 4-52　预览组件

8. 装配"锁紧螺母"零件

单击【添加组件】按钮，打开"锁紧螺母"模型，单击【确定】按钮。

添加第 1 个约束。设置【方位】为【自动判断中心/轴】，选取两条轴线，如图 4-53 所示。

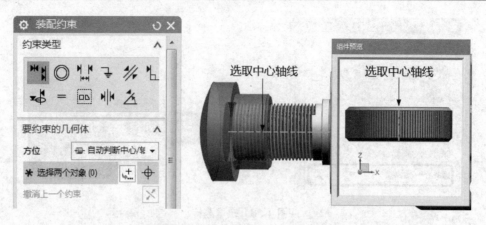

图 4-53　添加自动判断中心/轴约束

再添加第 2 个约束。设置【方位】为【接触】，选取两个平面，如图 4-54 所示。

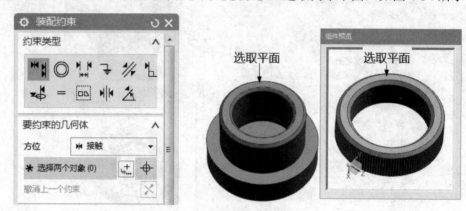

图 4-54　添加接触约束

锁紧螺母装配完成，如图 4-55 所示。

图 4-55　锁紧螺母装配完成

9. 装配"调节杆"零件

单击【添加组件】按钮，打开"调节杆"模型，单击【确定】按钮。

添加第 1 个约束。设置【方位】为【自动判断中心/轴】，选取两条轴线，如图 4-56 所示。

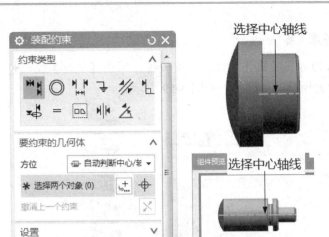

图 4-56　添加自动判断中心/轴约束

提示： 在装配前，只显示锁紧螺母，其他部件均隐藏掉。

再添加第 2 个约束。设置【方位】为【接触】，选取两个平面，如图 4-57 所示。

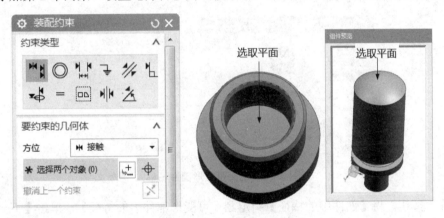

图 4-57　添加接触约束

选中【在主窗口中预览组件】复选框，预览，单击【确定】按钮，完成装配，如图 4-58 所示。

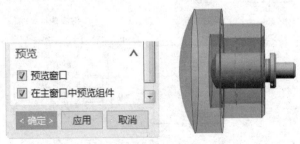

图 4-58　预览组件

10. 装配"弹簧"零件

(1) 定义弹簧为可变形部件。打开弹簧模型，单击【特征】工具栏中的【基准轴】按钮↑，建立装配弹簧所需的基准轴，如图 4-59 所示。

图 4-59　创建基准轴

单击菜单栏中的【工具】图标，单击【可变形部件】按钮，弹出【定义可变形部件】对话框，单击【下一步】按钮，如图 4-60 所示。

图 4-60　定义可变形部件名称

单击 按钮，将【部件中的特征】指定到【可变形部件中的特征】，单击【下一步】按钮，如图 4-61 所示。

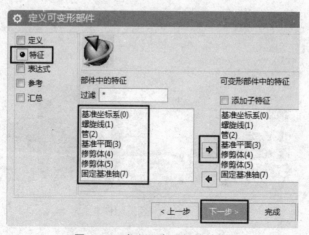

图 4-61　定义可变形部件特征

选取螺旋线的螺距表达式 p9，将其指定为【可变形的输入表达式】，如图 4-62 所示。

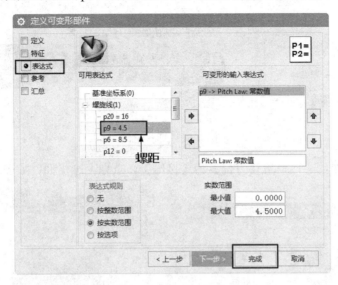

图 4-62　表达式设置

选择【文件】菜单中的【保存】命令，重新打开装配体。

(2) 测量距离。为保证弹簧变形装配的准确性，需先测量滑阀和调节杆之间的距离，单击【简单距离】测量按钮 ，如图 4-63 所示。

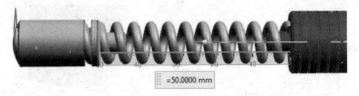

图 4-63　测量距离

 提示：　为了方便测量，仅显示调节杆与滑阀，隐藏其余部件。

(3) 定义装配约束。单击【添加组件】按钮 ，打开"弹簧"模型，单击【确定】按钮。

添加第 1 个约束。设置【方位】为【自动判断中心/轴】，选取两条轴线，如图 4-64 所示。

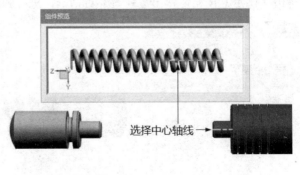

图 4-64　添加自动判断中心/轴约束

选中【在主窗口中预览组件】复选框，预览，单击【确定】按钮，如图4-65所示。

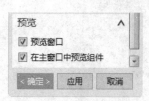

图4-65　预览组件

再添加第2个约束。设置【方位】为【接触】，选取两个平面，如图4-66所示。

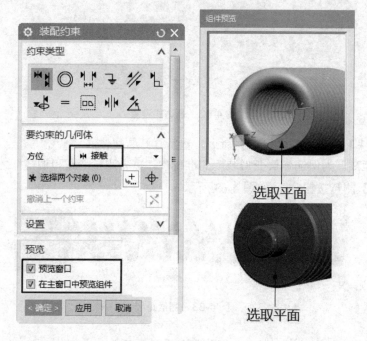

图4-66　添加接触约束

☞ **提示：** 在预览状态下，选取合理的弹簧接触面，以防约束冲突。

单击【确定】按钮，弹出【弹簧】对话框，进行弹簧螺距设置，如图4-67所示。

图4-67　弹簧螺距设置

在【弹簧】对话框中输入"3.1250"，单击【确定】按钮，弹簧被压缩，如图 4-68
所示。

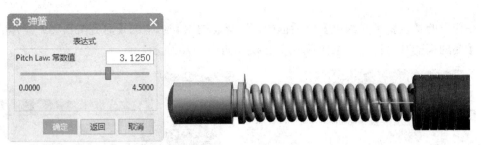

图 4-68　弹簧压缩

提示：　调节杆与滑阀的距离为 50mm，弹簧共 16 圈，故螺距变形设置为 50/16=
3.125mm。

11. 装配"弹簧垫圈"零件

单击资源条中的【重用库】图标，在【名称】栏中选择 GB Standard Parts | Washer | Lock
零件，双击【成员选择】栏中的"弹簧垫圈"零件，在弹出的【添加可重用组件】对话框
中，设置【主参数】大小为 8，【多重添加】设置为【添加后生成阵列】，如图 4-69 所示，
设置完成后单击【确定】按钮。

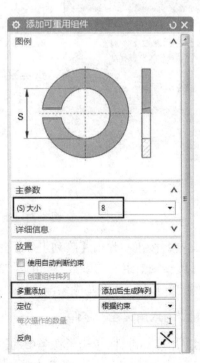

图 4-69　调用重用库垫圈

提示： GB Standard Parts 含义为"标准件"； Washer 含义为"垫圈"；Lock 含义
为"锁紧"。

在弹出的【重新定义约束】对话框中，选择【约束】组中的【对齐(GB 859—87,8,)】选
项，【要约束的几何体】选取沉头孔中心线，如图 4-70 所示。

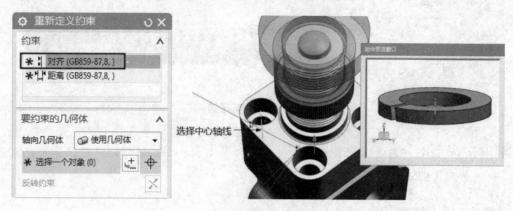

图 4-70　定义对齐约束

选择【约束】组中的【距离(GB 859—87,8,)】选项，【要约束的几何体】选取沉头孔台
阶面，如图 4-71 所示。

图 4-71　定义距离约束

单击【确定】按钮，弹出【阵列组件】对话框，在【要形成阵列的组件】组中选择垫
圈，并设置【旋转轴】组中的参数，如图 4-72 所示。

单击【确定】按钮，4 个垫圈装配完成，如图 4-73 所示。

12. 装配"内六角螺栓"零件

(1) 调用重用库标准件。单击资源条中的【重用库】按钮，在【名称】栏中选择 GB Standard
Parts | Screw | Socket Head 零件，双击【成员选择】栏中的【内六角螺栓】零件，在弹出的
【添加可重用组件】对话框中，设置相关参数，如图 4-74 所示，设置完成后单击【确定】
按钮。

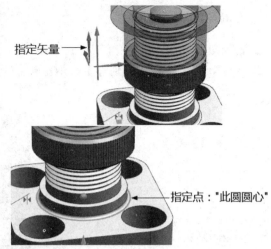

图 4-72　阵列垫圈组件

图 4-73　垫圈装配完成

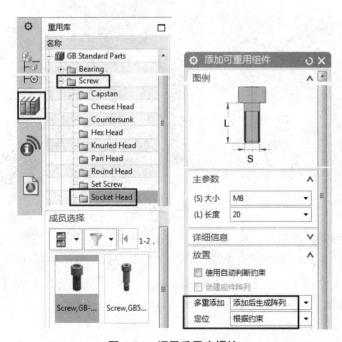

图 4-74　调用重用库螺栓

提示： Screw 含义为"螺栓"，Socket Head 含义为"沉头"。

(2) 设置装配约束。在【重新定义约束】对话框中，选择【约束】组中的【对齐(GB-T 70, 1-2000, M8X20,)】，【要约束的几何体】选取沉头孔中心线，如图 4-75 所示。

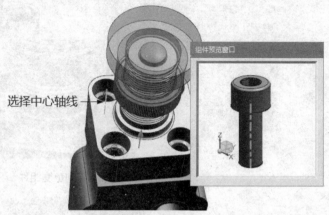

图 4-75　添加对齐约束

选中【在主窗口中预览组件】复选框，发现螺栓方向有误，如图 4-76 所示。

图 4-76　预览组件

单击【反转约束】按钮，实现螺栓翻转，单击【确定】按钮，如图 4-77 所示。

弹出【阵列组件】对话框，设置【阵列定义】组中的参数，如图 4-78 所示。

手动添加第 2 个约束。单击【装配约束】按钮，设置【方位】为【接触】，选取螺栓和垫圈接触的两个平面，单击【确定】按钮，如图 4-79 所示。

其余 3 个螺栓自动完成约束，装配完成，如图 4-80 所示。

图 4-77　螺栓翻转

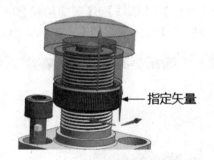

图 4-78　阵列螺栓

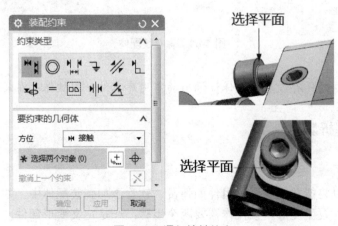

图 4-79　添加接触约束

图 4-80　螺栓装配完成

13. 保存装配体

选择【文件】|【选项】|【装配加载选项】菜单命令，弹出【装配加载选项】对话框，【加载】设置为【按照保存的】，如图 4-81 所示，然后单击【确定】按钮。

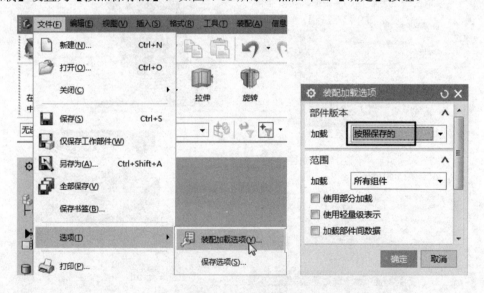

图 4-81　保存装配体

☞ **提示：** 这样的保存设置才能保证调用的重用库零件一同被保存在装配体中。

【知识点解析】

1. 变形装配

变形装配可以将能发生变形的组件如弹簧、软管添加到装配体中，并且通过控制变形参数，使变形组件发生变形。该操作需要两个步骤：一是定义变形部件，可通过【工具】菜单中的【定义可变形组件】命令实现；二是装配变形部件。

2. 重用库

重用库是一个资源工具，里面包含了多种可重复调用的对象，如行业标准部件、NX 机械部件族、管线布置等。通过重用库导航器，以分层树结构显示可重用对象。

项 目 小 结

装配是提供零件设计验证的一个手段，可以方便地判断零件结构可行性，装配前要了解各零件装配关系，装配的难点在于当发生约束冲突时，要懂得判断及解决冲突，同时有时由于存在自由度，需要配合移动组件命令才能满足装配效果。

课 后 习 题

一、选择题

1. 装配中【添加组件】对话框中【放置定位】有几种方式？（　　）

　A. 2 种　　　　　　　　　　B. 3 种　　　　　　　　　　C. 4 种

2. 图 4-82 所示的两个零件需要用哪两个约束完成装配？（　　）

　A.　　　　　　　　　　　B.　　　　　　　　　　　C.

3. 图 4-83 所示的约束冲突该如何处理？（　　）

　A. 删除其中一个约束

　B. 修改角度约束大小为 90°

　C. 添加另一个约束

图 4-82　装配体

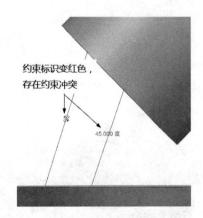

图 4-83　约束冲突

4. 如图 4-84 所示，其约束关系顺序正确的是（　　）。

　A. 对齐—平行—接触

　B. 对齐—接触—平行

　C. 接触—对齐—平行

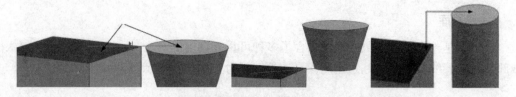

图 4-84 3 种约束关系

5. 图 4-85 所示的两个零件的装配件需要用哪两个约束命令来完成约束？ ( )

图 4-85 装配体

A.   B.   C.

6. 重用库中内六角螺栓的目录文件正确的是( )。

    A. GB Standard Parts-Screw-set Screw   B. GB Standard Parts-Screw-Socket Head

    C. GB Standard Parts-Washer-Lock   D. GB Standard Parts-Washer-Misc

7. 重用库中弹簧垫圈的目录文件正确的是( )。

    A. GB Standard Parts-Screw-set Screw   B. GB Standard Parts-Screw-Socket Head

    C. GB Standard Parts-Washer-Lock   D. GB Standard Parts-Washer-Misc

8. 资源条中【重用库】的图标是( )。

A.   B.   C.

二、技能训练题

根据图 4-86、图 4-87 所示的装配关系，完成装配建模。

图 4-86 虎钳装配体

图 4-87 齿轮油泵装配体

项目 5   运 动 仿 真

UG 的运动仿真模块可以实现虚拟运动过程，能够对机构进行复杂的运动学和动力学分析，可以进行机构的干涉分析，跟踪零件的运动轨迹，分析零件速度、加速度等运动参数，以实现对机构进行结构优化。

知识要点

● UG 运动分析基本流程。
● UG 各种运动副基本概念。

技能目标

● 能实现对千斤顶、齿轮泵、曲柄滑块机构进行仿真运动。
● 能学会查看并分析运动结果图表。

任务 5.1   千斤顶运动仿真

机械式千斤顶是通过螺旋传动使顶部托座在行程内顶升重物，如图 5-1 所示。通过本次任务，应掌握螺旋传动运动仿真的创建方法。

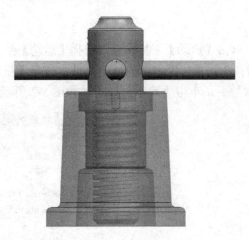

图 5-1   千斤顶

【方案设计】

千斤顶运动仿真方案如表 5-1 所示。

表 5-1　千斤顶运动仿真方案

序号	运动部件	策　略	效　果
1	螺套	固定副	
2	螺杆	滑动副、螺旋副	

【任务实施】

1. 新建仿真

打开千斤顶装配体，单击【启动】下拉按钮，选择【运动】命令，在资源条中选择【运动导航器】，右击【千斤顶】选项，在弹出的快捷菜单中选择【新建仿真】命令，弹出【环境】对话框，设置相应参数后，单击【确定】按钮，如图 5-2 所示。

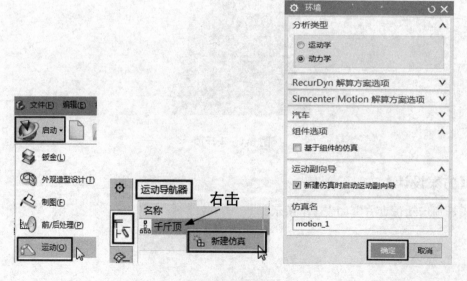

图 5-2　新建仿真

2. 创建连杆

(1) 创建连杆 1。单击【连杆】按钮 ，弹出【连杆】对话框，选择螺套，选中【无运动副固定连杆】复选框，将【名称】设置为"L001"，单击【确定】按钮，如图 5-3 所示。

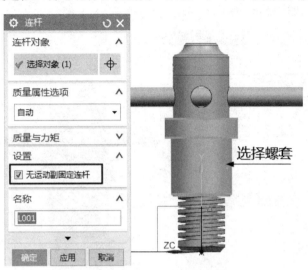

图 5-3　创建无运动副固定连杆

☞ **提示：** 螺套相对于大地是静止不动的，故设置为【无运动副固定连杆】。

(2) 创建连杆 2。同时选择螺杆、顶垫及铰杆 3 个零件，将【名称】设置为"L002"，单击【应用】按钮，如图 5-4 所示。

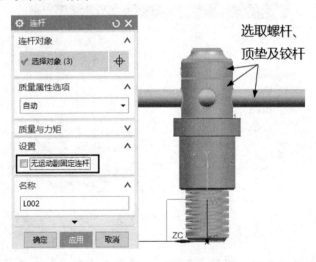

图 5-4　创建连杆

☞ **提示：** 螺杆与铰杆、顶垫是整体运动关系，需设置为同一连杆。

3. 创建运动副

(1) 创建柱面副。单击【运动副】按钮 ，弹出【运动副】对话框，【选择连杆】选取螺杆，【指定原点】选取圆心，如图5-5所示。切换到【驱动】选项卡，设置旋转初速度，单击【确定】按钮，如图5-6所示。

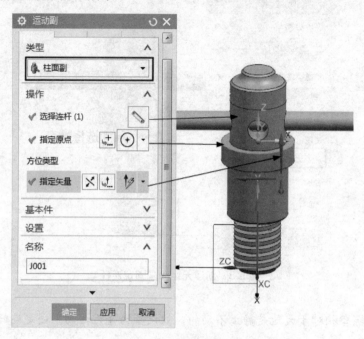

图 5-5 创建柱面副

图 5-6 设置驱动

☞ **提示：** 螺杆是运动副中的驱动力来源，需要设置【驱动】选项卡中的参数。

(2) 创建螺旋副。再次单击【运动副】按钮 ，在弹出的【运动副】对话框中，将【类型】设置为【螺旋副】，【操作】组中的连杆选取螺杆，如图5-7所示。

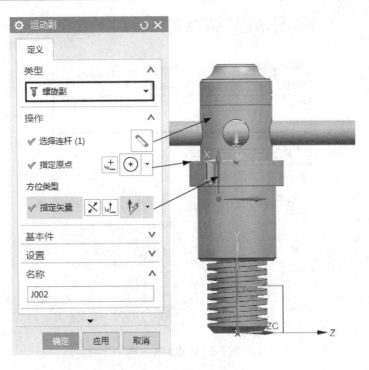

图 5-7　创建螺旋副

【基本件】组中的连杆选取螺套，【螺旋副比率】设置为 8。单击【确定】按钮，如图 5-8 所示。

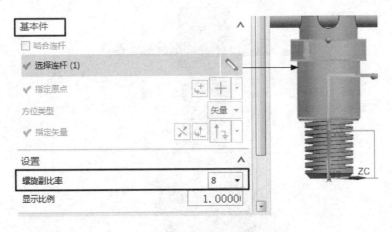

图 5-8　设置基本件

提示：螺旋副比率即为螺距值。

4. 运动仿真

(1) 单击【解算方案】按钮 ，在弹出的【解算方案】对话框中设置相关参数，如图 5-9 所示。

图 5-9　创建解算方案

单击【动画控制】工具栏中的【播放】按钮 ▶，进行动画仿真，如图 5-10 所示。最后单击【完成动画】按钮 ⚑。

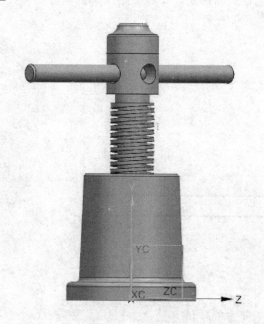

图 5-10　动画仿真

(2) 查看运动图表。单击【运动导航器】栏中的连杆 L002，双击【XY 结果视图】栏中的【幅值】选项，单击绘图区，即可显示幅值变化图表，如图 5-11 所示。

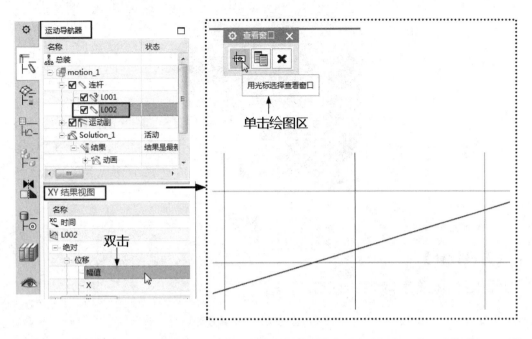

图 5-11　查看运动图表

提示：　图表显示随着螺杆螺旋向上运动，其运动幅值线性增大，符合运动规律。

【知识点解析】

1. 连杆

在创建运动副关系前，需将机构中的刚体零件设置为连杆。

2. 柱面副

可以实现绕轴旋转的同时进行直线移动。

3. 螺旋副

螺旋传动有两种形式：一种是螺杆绕轴旋转的同时进行直线移动，如千斤顶；另一种是螺杆旋转，螺母直线移动，如虎钳。如是第二种情况，则需先设置螺杆的旋转副、螺母的滑动副，再设置螺杆与螺母间的螺旋副。

任务 5.2　齿轮泵运动仿真

齿轮泵依靠主动齿轮和从动齿轮不停旋转，啮合空间的容积发生变化而使液体不断吸入和排出，如图 5-12 所示。通过本次任务，应掌握齿轮副运动仿真创建方法。

图 5-12　齿轮泵

【方案设计】

齿轮泵运动仿真方案如表 5-2 所示。

表 5-2　齿轮泵运动仿真方案

序号	运动部件	策　略	效　果
1	主动齿轮	旋转副	
2	从动齿轮	旋转副	
3	主动齿轮与从动齿轮	齿轮副	

【任务实施】

1. 新建仿真

首先在绘图区打开齿轮泵装配体，单击【启动】下拉按钮，选择【运动】命令，在资源条中选择【运动导航器】，右击【齿轮泵】选项，在弹出的快捷菜单中选择【新建仿真】命令，弹出【环境】对话框，设置相应参数后，单击【确定】按钮，如图 5-13 所示。

图 5-13　新建仿真

2. 创建连杆

(1) 创建连杆 1。单击【连杆】按钮 ✎，弹出【连杆】对话框，选择主动齿轮轴，将【名称】设置为"L001"，单击【确定】按钮，如图 5-14 所示。

图 5-14　创建连杆 1

(2) 创建连杆 2。同时选择从动齿轮轴及其轴上的衬套、齿轮、键 4 个零件，将【名称】设置为"L002"，单击【应用】按钮，如图 5-15 所示。

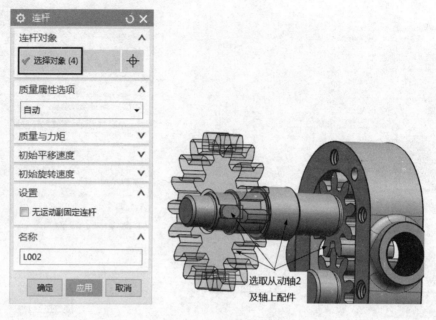

图 5-15　创建连杆 2

3. 创建运动副

(1) 创建两个旋转副。单击【运动副】按钮 ，弹出【运动副】对话框，将【类型】设置为【旋转副】，【操作】组中的连杆选择主动齿轮轴，单击【确定】按钮，如图 5-16 所示。

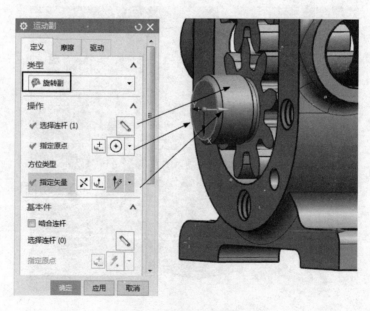

图 5-16　创建第 1 个旋转副

切换到【驱动】选项卡，设置初速度，如图 5-17 所示。

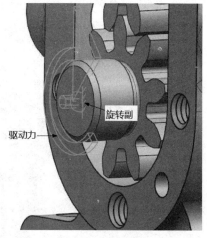

图 5-17　驱动设置

👈 **提示：** 主动轴是运动副中的驱动力来源，需要设置【驱动】选项卡中的参数。

再次单击【运动副】按钮，在弹出的【运动副】对话框中将【类型】设置为【旋转副】，【操作】组中的连杆选择从动齿轮轴，单击【确定】按钮，如图 5-18 所示。

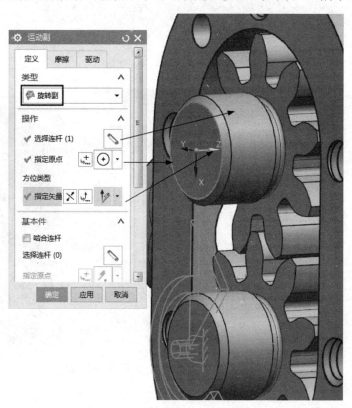

图 5-18　创建第 2 个旋转副

两个旋转副设置完成，如图 5-19 所示。

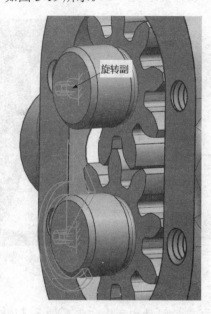

图 5-19　旋转副创建完成

(2) 创建齿轮副。单击【齿轮副】按钮，打开【齿轮副】对话框，【第一个运动副】选取旋转副 J001，【第二个运动副】选取旋转副 J002，设置【比率】为 1，单击【确定】按钮，如图 5-20 所示。

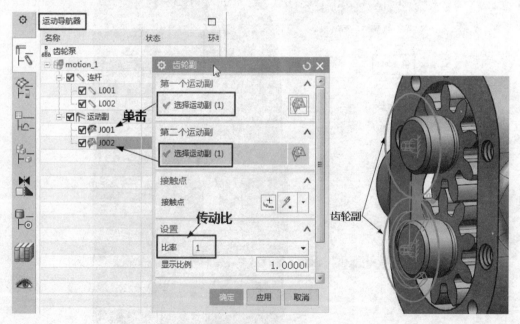

图 5-20　创建齿轮副

提示：　【比率】指从动齿轮与主动齿轮的传动比。

4. 运动仿真

单击【解算方案】按钮 ，在弹出的【解算方案】对话框中设置相关参数，如图 5-21 所示。

图 5-21　解算方案

单击【动画控制】工具栏中的【播放】按钮 ，进行动画仿真，如图 5-22 所示。最后单击【完成动画】按钮 。

图 5-22　动画仿真

【知识点解析】

旋转副

旋转副可以实现部件绕轴做旋转运动。它有两种形式：一种是两个连杆绕同一轴做相对的转动(咬合)，另一种是一个连杆绕固定轴进行旋转(非咬合)。

任务 5.3　曲柄滑块机构运动仿真

曲柄滑块机构是指用曲柄和滑块来实现转动和移动相互转换的平面机构，如图 5-23 所示。通过本次任务，应掌握曲柄滑块传动运动仿真的创建方法。

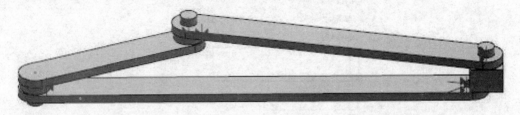

图 5-23　曲柄滑块机构

【方案设计】

曲柄滑块运动仿真方案如表 5-3 所示。

表 5-3　曲柄滑块机构运动仿真方案

序号	运动部件	策　略	效　果
1	曲柄	旋转副	
2	连杆	旋转副	
3	滑块	滑动副	

【任务实施】

1. 新建仿真

打开曲柄滑块装配体，单击【启动】下拉按钮，选择【运动】命令，在资源条中选择【运动导航器】，右击【曲柄滑块】选项，在弹出的快捷菜单中选择【新建仿真】命令，弹出【环境】对话框，并设置相应参数，如图 5-24 所示。

操作完成后，弹出【机构运动副向导】对话框，单击【取消】按钮，如图 5-25 所示。

2. 创建连杆

(1) 创建连杆 1。单击【连杆】按钮，弹出【连杆】对话框，单击最长的连杆作为固定件，选中【无运动副固定连杆】复选框，将【名称】设置为"L001"，单击【确定】按钮，如图 5-26 所示。

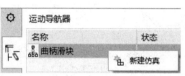

图 5-24 新建仿真

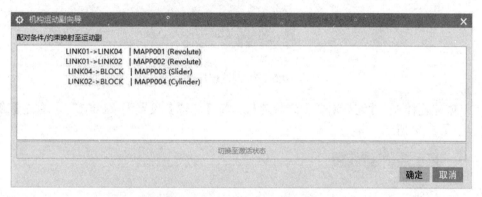

图 5-25 【机构运动副向导】对话框

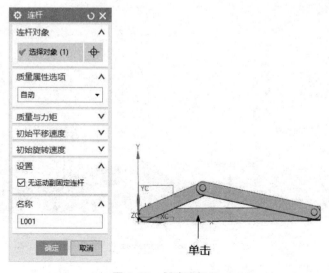

图 5-26 创建连杆 1

(2) 创建连杆 2。【连杆对象】选择曲柄，将【名称】设置为"L002"，单击【确定】按钮，如图 5-27 所示。

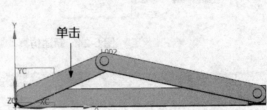

图 5-27　创建连杆 2

(3) 创建连杆 3。【连杆对象】选择连杆，将【名称】设置为"L003"，单击【确定】按钮，如图 5-28 所示。

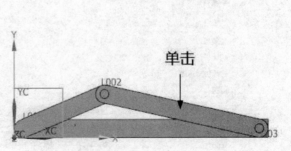

图 5-28　创建连杆 3

(4) 创建连杆 4。【连杆对象】选择滑块，将【名称】设置为"L004"，单击【确定】

按钮, 如图 5-29 所示。

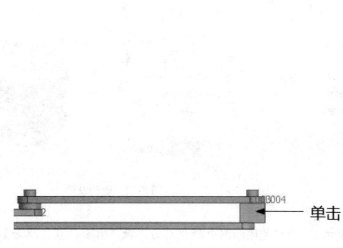

图 5-29　创建连杆 4

3. 创建运动副

(1) 创建旋转副 1。单击【运动副】按钮 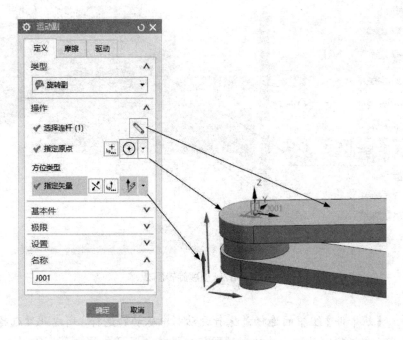, 弹出【运动副】对话框, 将【类型】设置为【旋转副】, 【操作】组中的连杆选取 "L002", 将【名称】设置为 "J001", 如图 5-30 所示。

图 5-30　创建旋转副 1

机械设计软件应用(UG NX)

切换到【驱动】选项卡,设置初速度,单击【确定】按钮,运动副创建完毕,如图5-31所示。

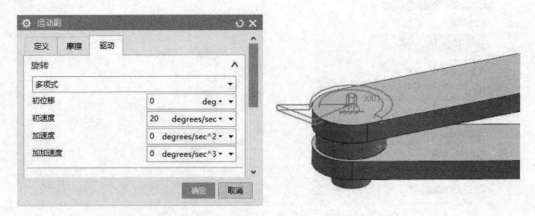

图5-31　驱动设置

提示:　曲柄是运动副中的驱动力来源,需要设置【驱动】选项卡中的参数。

(2) 创建旋转副2。单击【运动副】按钮 ,弹出【运动副】对话框,将【类型】设置为【旋转副】,【操作】组中的连杆选取"L002",【基本件】组中的连杆选取"L003",如图5-32所示。

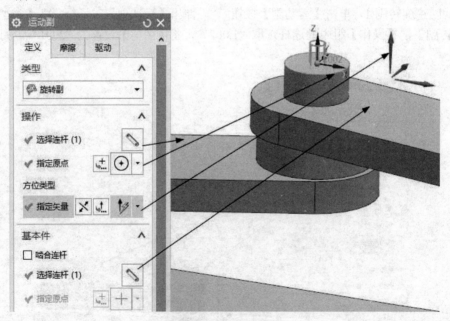

图5-32　创建旋转副2

提示:　【基本件】组中的连杆意味着运动副中从动的连杆,所以此处选择"L003"。
　　　　注意创建完成后,旋转副的图标应保持与圆柱矢量方向一致。

(3) 创建旋转副 3。单击【运动副】按钮 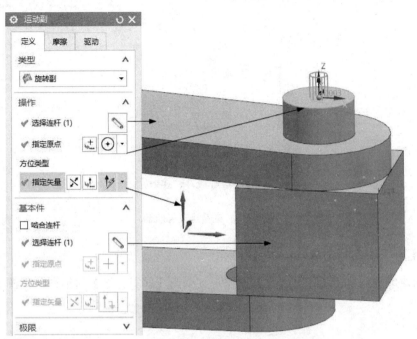，弹出【运动副】对话框，将【类型】设置为【旋转副】，【操作】组中的连杆选取 "L003"，【基本件】组中的连杆选取 "L004"，如图 5-33 所示。

图 5-33　创建旋转副 3

(4) 创建滑动副。单击【运动副】按钮 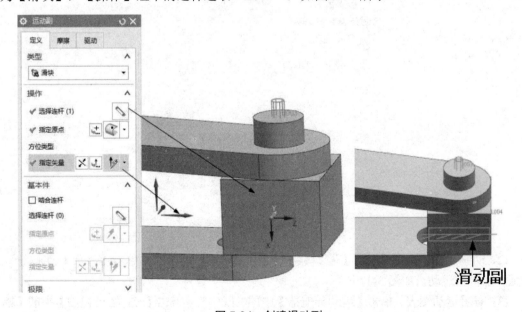，弹出【运动副】对话框，将【类型】设置为【滑块】，【操作】组中的连杆选取 "L004"，如图 5-34 所示。

图 5-34　创建滑动副

查看【运动导航器】中建立的运动副，应为 3 个旋转副和 1 个滑动副，而且第 1 个旋转副是提供驱动力的，如图 5-35 所示。

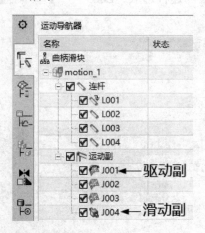

图 5-35　查看运动导航器

4. 创建解算并运行仿真

(1) 创建解算。单击【解算方案】按钮，弹出【解算方案】对话框，如图 5-36 所示。

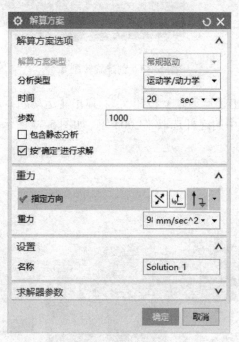

图 5-36　【解算方案】对话框

(2) 动画运行。单击【动画】按钮，弹出【动画】对话框，单击【播放】按钮，动画演示机构运动，如图 5-37 所示。

(3) 查看运动图表。单击【运动导航器】中的"L002"，双击【XY 结果视图】中的【幅值】选项，单击绘图区，即可显示幅值变化图表，如图 5-38 所示。

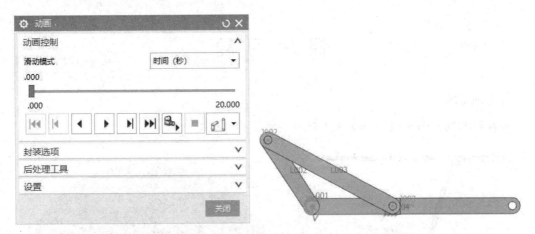

图 5-37   动画仿真

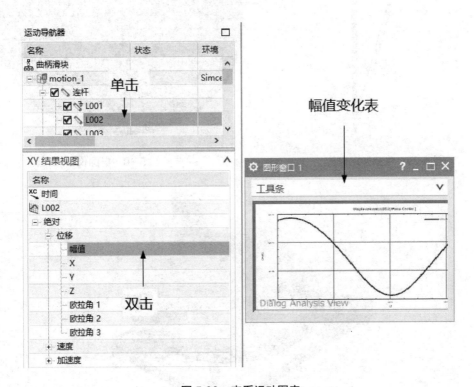

图 5-38   查看运动图表

提示：图表显示了运动中的曲柄幅值呈现正弦函数变化规律。

项 目 小 结

创建运动仿真必须掌握运动副类型，运动仿真最大的意义在于通过获取动力学数据，验证机构合理性并实现机构结构优化设计。

课 后 习 题

技能训练题

分析图 5-39～图 5-41 所示的机构运动关系，创建运动仿真。

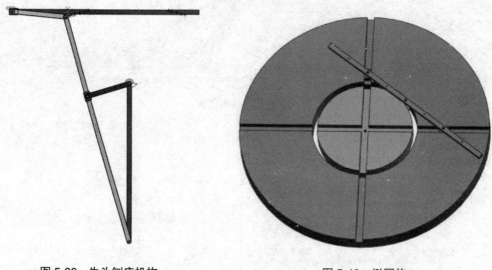

图 5-39 牛头刨床机构

图 5-40 椭圆仪

图 5-41 三轴并联机械手

项目6 制图模块

利用 UG 的建模功能创建的零件和装配模型，可以引用到制图模块中，快速地生成二维工程图。由于 UG 的制图功能是基于三维实体模型的二维投影所得到的二维工程图，工程图与三维实体模型是完全关联的，实体模型的尺寸、形状和位置的任何改变，都会引起二维工程图做出实时变化。

知识要点

- 创建制图常用命令如基本视图、剖视图、快速尺寸、特征控制框、零件明细表等的含义。
- 机械制图基本创建流程。
- 装配图制图创建基本方法。

技能目标

- 能分析零件结构，制定制图创建方案。
- 能完成视图创建、尺寸标注、零件明细表、文件转换的制图创建全过程。

任务 6.1 阀体零件工程图

在 UG 环境中，任何一个三维模型，都可以通过不同的投影方法、不同的图样尺寸和不同的比例建立多样的二维工程图，如图 6-1 所示。通过本次任务，应掌握制图模块中的视图管理、尺寸标注、形位公差标注等基本的工程图创建方法。

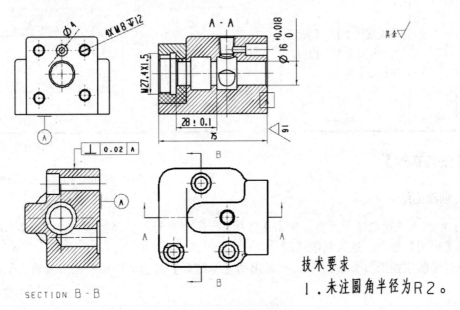

图 6-1 阀体零件工程图

【方案设计】

阀体零件工程图设计方案具体如表 6-1 所示。

表 6-1　阀体零件工程图方案

序号	步骤	策　略	效　果
1	创建图框	【新建图纸页】、【替换模板】命令	
2	创建视图	【基本视图】、【投影视图】、【剖视图】命令	
3	创建标注	【快速尺寸】、表面粗糙度符号】、【特征控制框】命令	

【任务实施】

1. 创建图纸

(1) 创建非主模型图纸文件。单击【打开】按钮，打开阀体模型，再选择【启动】菜单中的【制图】命令，进入制图环境。

单击【新建图纸页】按钮，在弹出的【图纸页】对话框中设置相关参数，如图 6-2 所示。

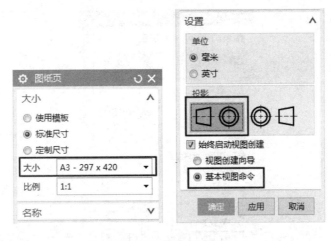

图 6-2　新建图纸页

(2) 修改背景颜色。选择【首选项】|【可视化】命令，在弹出的【可视化首选项】对话框中，修改背景为白色，如图 6-3 所示。

(3) 调用图样。单击【GC 工具箱】工具栏中的【替换模板】按钮，在弹出的【工程图模板替换】对话框中选择 A3 模板，如图 6-4 所示。

图 6-3　修改背景颜色

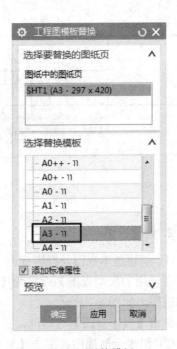

图 6-4　替换模板

单击【格式】菜单中的【图层设置】按钮，在弹出的【图层设置】对话框中，选中所有图层，如图 6-5 所示。

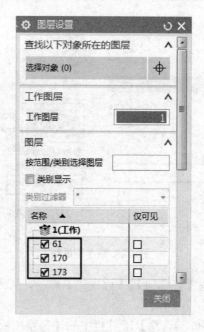

图 6-5 【图层设置】对话框

双击标题栏中的单元格，可以修改单元格中的文字，如图 6-6 所示。

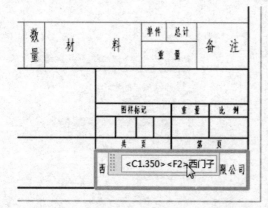 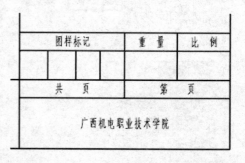

图 6-6 修改标题栏

2. 创建视图

(1) 创建基本视图及投影视图。单击【基本视图】按钮，弹出【基本视图】对话框，将【要使用的模型视图】设置为【俯视图】，在图纸合适位置单击鼠标，即可创建出阀体基本视图，如图 6-7 所示。

弹出【投影视图】对话框，在图纸适当位置单击鼠标，创建投影视图，如图 6-8 所示。

(2) 创建全剖视图。单击【剖视图】按钮，弹出【剖视图】对话框，【截面线段】选取基本视图圆心，创建全剖视图，如图 6-9 所示。

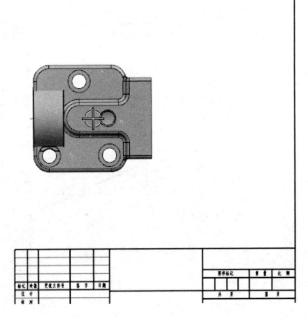

图 6-7　创建基本视图

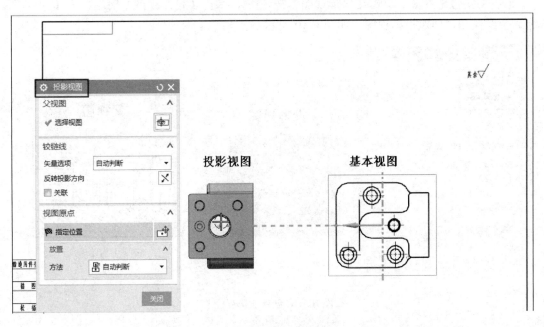

图 6-8　创建投影视图

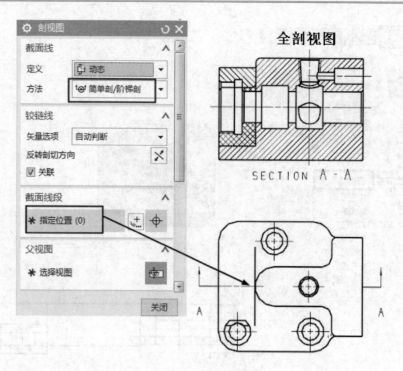

图 6-9　创建全剖视图

(3) 创建投影视图。单击【投影视图】按钮，弹出【投影视图】对话框，【父视图】选取全剖视图，创建投影视图，如图 6-10 所示。

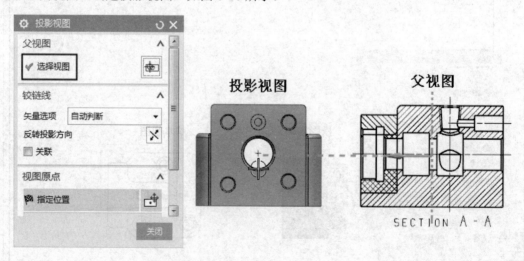

图 6-10　创建投影视图

(4) 创建剖视图。单击【剖视图】按钮，【截面线段】选取基本视图圆心，创建剖视图，如图 6-11 所示。

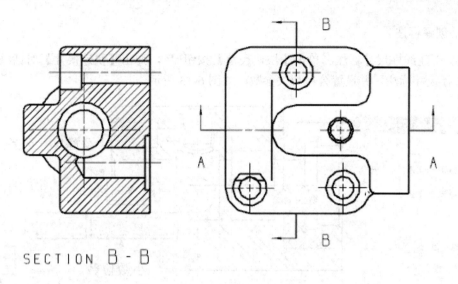

图 6-11　创建剖视图

拖动视图边界，调整各视图至图纸中合适位置，如图 6-12 所示。

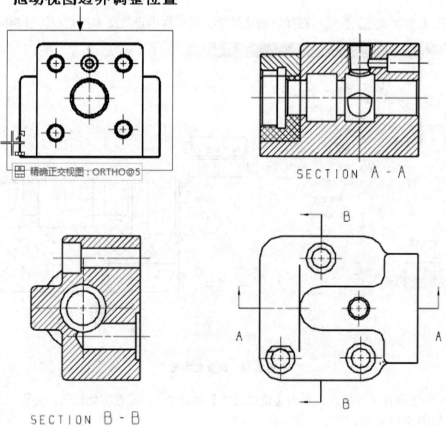

图 6-12　调整视图位置

3. 创建标注

(1) 创建线性尺寸标注。单击【快速尺寸】按钮 ↦，弹出【快速尺寸】对话框，选取对象进行尺寸标注，并设置公差相关参数，如图 6-13 所示。

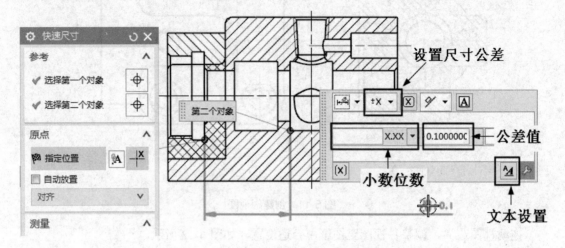

图 6-13　创建线性尺寸标注

单击【文本设置】按钮，在弹出的【设置】对话框中设置文本尺寸，如图 6-14 所示。

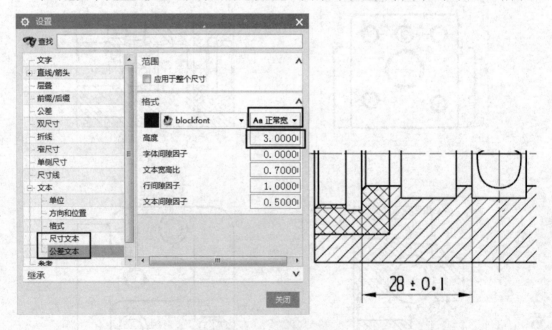

图 6-14　设置文本尺寸

(2) 创建圆柱尺寸标注。单击【快速尺寸】按钮 ↦，设置圆柱标注，并设置公差相关参数，如图 6-15 所示。

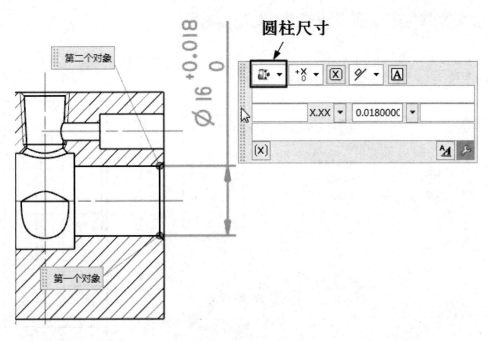

图 6-15　创建圆柱尺寸标注

(3) 创建螺纹尺寸标注。单击【快速尺寸】按钮 ，在基本尺寸前后附加文本，如图 6-16 所示。

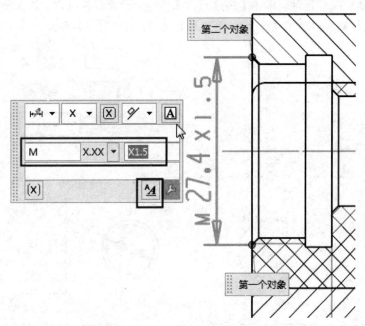

图 6-16　创建螺纹尺寸标注

单击【文本设置】按钮，在弹出的【设置】对话框中设置文本尺寸，如图 6-17 所示。

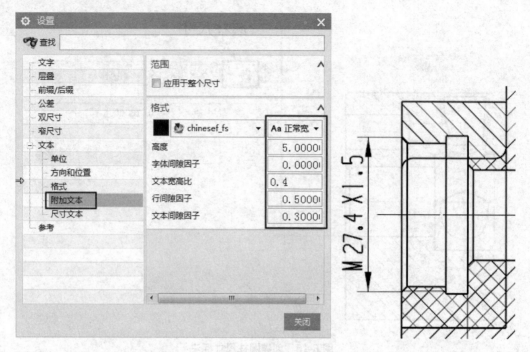

图 6-17　设置文本尺寸

(4) 创建直径尺寸标注。单击【快速尺寸】按钮，设置直径标注，如图 6-18 所示。

(5) 创建螺纹尺寸标注。单击【快速尺寸】按钮，设置直径标注，添加附加文本"4X"，设置直径符号为 M，再单击【编辑附加文本】按钮，如图 6-19 所示。

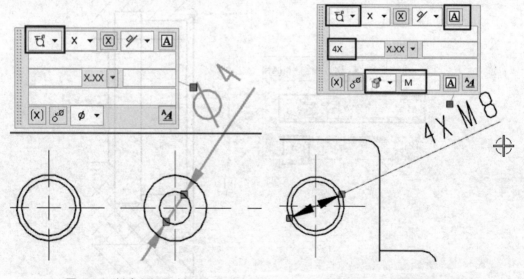

图 6-18　创建直径尺寸标注　　　　　　　图 6-19　创建螺纹尺寸标注

在【附加文本】对话框中，添加附加文本，如图 6-20 所示。

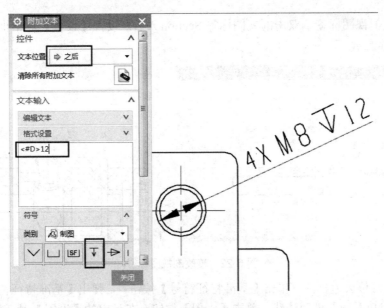

图 6-20　添加附加文本

　　(6) 创建粗糙度标注。单击【表面粗糙度符号】按钮√，弹出【表面粗糙度】对话框，【指定位置】选取尺寸线，设置相关参数，如图 6-21 所示。

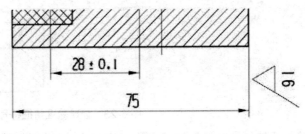

图 6-21　创建粗糙度标注

(7) 修改剖视图标签。双击剖视图标签 Section A-A，设置【设置】对话框中的【标签】选项，如图 6-22 所示。

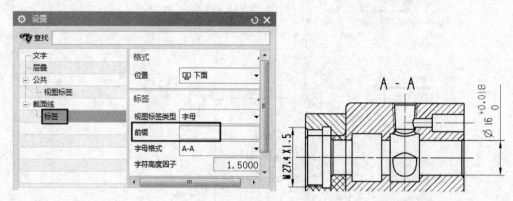

图 6-22　修改剖视图标签

(8) 创建形位公差标注。单击【基准特征符号】按钮，弹出【基准特征符号】对话框，【选择终止对象】选取模型边线，单击【设置】按钮，在弹出的【设置】对话框中，将【间隙】设置为1，如图 6-23 所示。

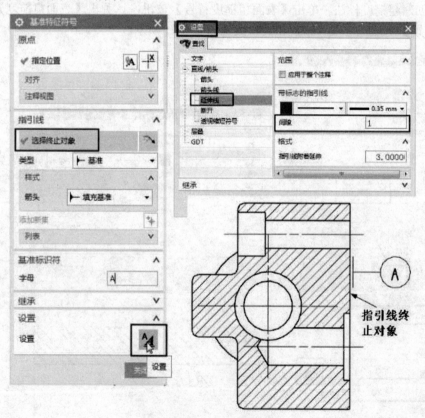

图 6-23　创建基准特征符号

单击【特征控制框】按钮，弹出【特征控制框】对话框，【选择终止对象】选取模型边线，选中【带折线创建】复选框，将【特性】设置为【垂直度】，并设置其他相关

参数，如图 6-24 所示。

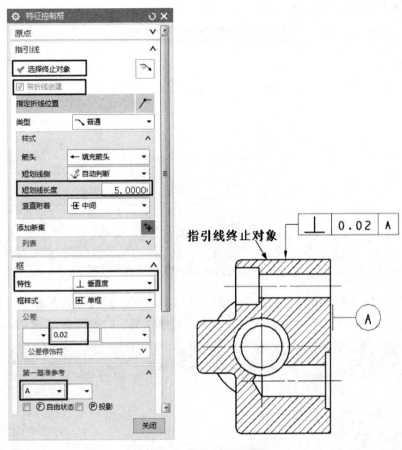

图 6-24   创建形位公差标注

(9) 创建技术要求。单击【注释】按钮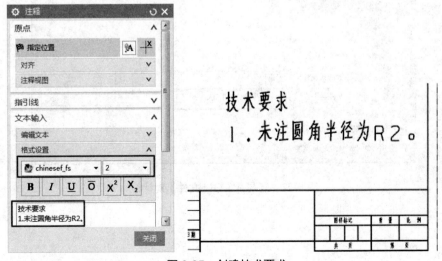，弹出【注释】对话框，移动鼠标指针将注释放置在图纸合适的位置，如图 6-25 所示。

图 6-25   创建技术要求

(10) 转换为 AutoCAD 零件图类型。选择【文件】|【导出】命令，弹出【导出 CGM】对话框，将图纸转换为 CGM 格式文件，如图 6-26 所示。

图 6-26 【导出 CGM】对话框

选择【文件】|【新建】命令，新建模型。再选择【文件】|【导入】命令，弹出【导入 CGM 文件】对话框，将 CGM 格式文件导入 UG 建模环境中，如图 6-27 所示。

图 6-27 【导入 CGM 文件】对话框

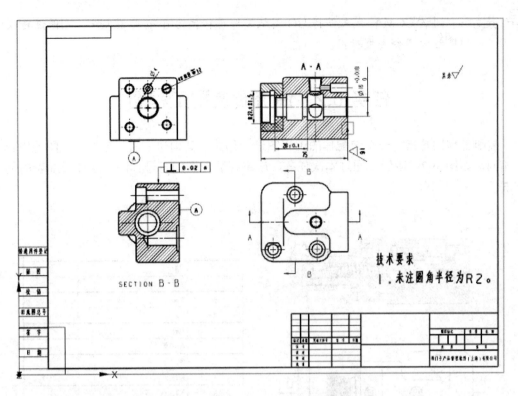

图 6-27　【导入 CGM 文件】对话框(续)

选择【文件】|【另存为】命令，弹出【另存为】对话框，将图纸另存为.dwg 格式文件，如图 6-28 所示。

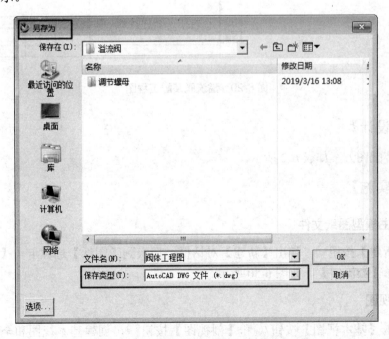

图 6-28　将图纸另存为.dwg 格式文件

提示： 通过CGM格式文件将UG图纸文件再转换为.dwg类型文件，可保证转换过程中不会丢失数据。

任务6.2 溢流阀装配工程图

装配工程图是指对一个装配体的工程图进行创建，其构建方法与零件工程图的构建方法相同，如图6-29所示。通过本次任务，应掌握装配图的符号标注、零件明细表的创建方法。

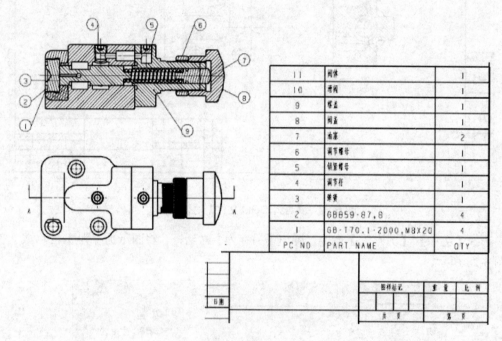

11	阀体	1
10	滑阀	1
9	罩盖	1
8	阀盖	1
7	油塞	2
6	调节螺母	1
5	锁紧螺母	1
4	调节杆	1
3	弹簧	1
2	GB859·87,8	4
1	GB·170.1·2000,M8X20	4
PC NO	PART NAME	QTY

图6-29 溢流阀装配工程图

【方案设计】

溢流阀装配图方案如表6-2所示。

【任务实施】

1. 创建主模型图纸文件

单击【新建】按钮，弹出【新建】对话框，切换到【图纸】选项卡，【要创建图纸的部件】选择【溢流阀】，如图6-30所示。

2. 创建视图

分别单击【基本视图】按钮和【剖视图】按钮，创建基本视图和全剖视图，如图6-31所示。

表 6-2　溢流阀装配图方案

序号	步骤	策略	效果
1	装配图视图管理	【基本视图】、【剖视图】命令	
2	装配图明细表	【零件明细表】命令	

图 6-30　新建图纸文件

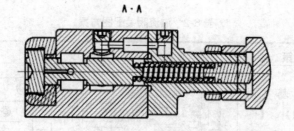

图 6-31　创建视图

3. 创建明细表和符号标注

单击【零件明细表】按钮，自动生成零件明细表，如图 6-32 所示。

PC NO	PART NAME	QTY
11	阀体	1
10	滑阀	1
9	螺盖	1
8	阀盖	1
7	油塞	2
6	调节螺母	1
5	锁紧螺母	1
4	调节杆	1
3	弹簧	1
2	垫片	4
1	螺钉	4
PC NO	PART NAME	QTY

图 6-32　零件明细表

全选明细表中的一整列，右击，在弹出的快捷菜单中选择【选择】|【列】命令，如

图 6-33 所示。

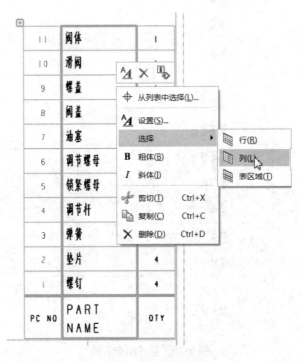

图 6-33　全选明细表列

再次右击，在弹出的快捷菜单中选择【插入】|【在右边插入列】命令，如图 6-34 所示。

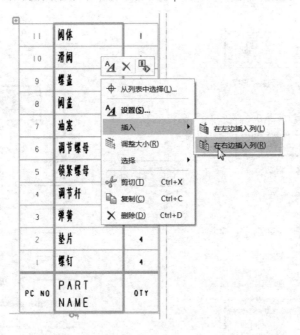

图 6-34　插入列

在明细表中新建一列，如图 6-35 所示。

11	阀体		1
10	滑阀		1
9	螺盖		1
8	阀盖		1
7	油塞		2
6	调节螺母		1
5	锁紧螺母		1
4	调节杆		1
3	弹簧		1
2	垫片		4
1	螺钉		4
PC NO	PART NAME		QTY

图 6-35 新建明细表列

全选明细表中的新建空白列，右击鼠标，弹出快捷菜单，选择【选择】|【列】命令，再右击鼠标，弹出快捷菜单，选择【设置】命令，如图 6-36 所示。

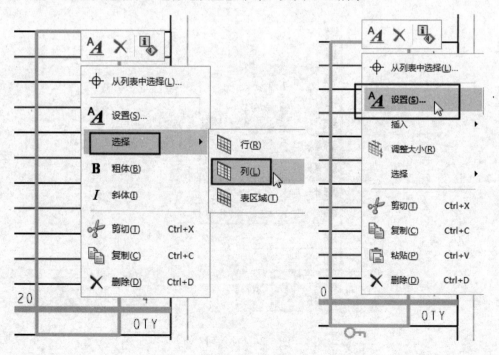

图 6-36 设置列

在【设置】对话框中，设置空白列的属性特征，完成明细表编辑，如图 6-37 所示。

11	滑阀	45钢	1
10	锁紧螺母	45钢	1
9	阀体	45钢	1
8	螺盖		1
7	阀盖		1
6	油塞		2
5	调节螺母		1
4	调节杆		1
3	弹簧		1
2	垫片		4
1	螺钉		4
PC NO	PART NAME	材料	OTY

图 6-37 新建明细表属性

提示： 每个零件在建模时需设置【材料】部件属性，才能和零件明细表相关联。

单击【自动符号标注】按钮⑦，弹出【零件明细表自动符号标注】对话框，选取明细表，自动生成符号标注，如图 6-38 所示。

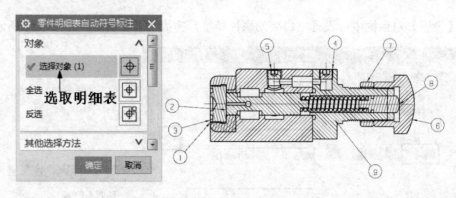

图 6-38　创建符号标注

单击【装配序号排序】按钮，弹出【装配序号排序】对话框，【初始装配序号】选择符号标注 1，如图 6-39 所示。

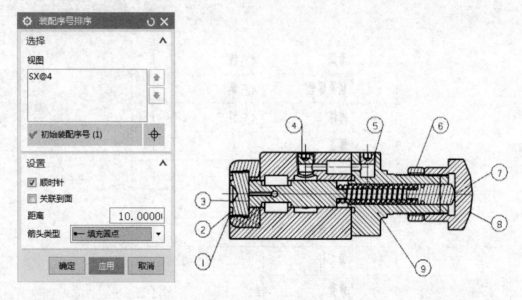

图 6-39　装配序号排序

【知识点解析】

主模型图纸与非主模型图纸

NX 有主模型和非主模型两种出图方式。非主模型出图方式为：在建模环境下打开.prt 模型后，直接在建模环境里切换到制图环境，这样图纸和模型都在一个.prt 模型文件里，图纸包含在部件中。

主模型出图方式为：新建一个图纸文件，选择要引用的模型部件.prt，那么 NX 会创建一个 dwg.prt 的文件，图纸与模型是两个独立文件，这种出图方式为"主模型"。只有在"主模型"图纸方式中，GC 工具箱的【属性工具】命令中的【属性同步】选项功能才能生效。

项 目 小 结

制图模块用于后续的生产环节，创建制图需要掌握制图标准，并能根据零件结构制定合理的投影视图和剖视图。将 UG NX 的制图文件转换到 AutoCAD 软件中做进一步的编辑处理，也是制图员常用的一种制图编辑方法。

课 后 习 题

一、填空题

1.  含义为_____，_____含义为_____，_____含义为_____。

2. 图纸与模型在同一个文件中，该出图方式为_____。

3. 先创建_____视图，才能创建投影视图。

4. 如图 6-40 所示的尺寸设置是为了创建_____尺寸标注。

图 6-40　尺寸设置

5. 图 6-41 所示的出图方式是_____。

6. 为保证 UG 图纸转换为.dwg 格式文件不会丢失数据，应先导出为_____格式文件，再转换为.dwg 类型文件。

7. 如图 6-42 所示，在【零件明细表自动符号标注】对话框中，【选择对象】应选取____。

图 6-41　新建图纸

图 6-42　【零件明细表自动符号标注】对话框

二、技能训练题

根据图 6-43 所示的零件图，进行三维实体建模，再根据模型创建零件工程图。

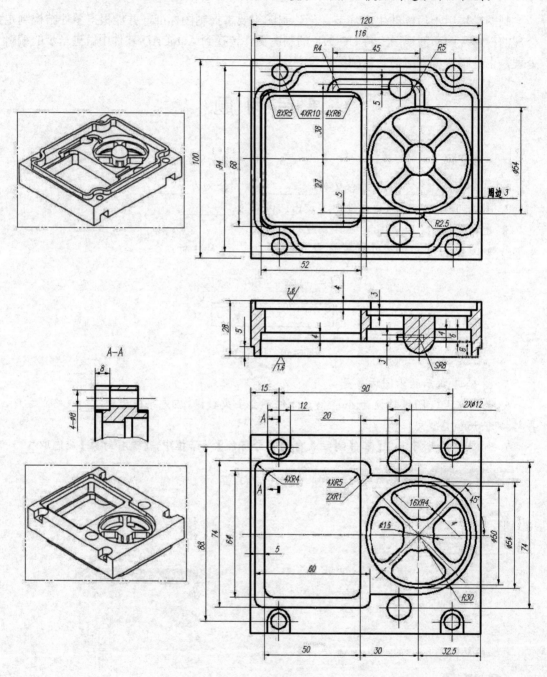

图 6-43　双面型腔工程图

参 考 文 献

[1] 丁源，李秀峰. UG NX 8.0 中文版从入门到精通[M]. 北京：清华大学出版社，2013.

[2] 孙慧，徐丽娜. UG NX 8.5 机械设计实例教程[M]. 北京：清华大学出版社，2018.

[3] 吕守祥. 机械制图习题集[M]. 北京：机械工业出版社，2007.

[4] 洪如瑾. UG CAD 快速入门指导[M]. 北京：清华大学出版社，2009.